U0169200

5G新产业

NEW INDUSTRIES

商业与社会的创新机遇

盘和林 贾胜斌 张宗泽◎著

中国人民大学出版社

·北京·

图书在版编目（CIP）数据

5G 新产业：商业与社会的创新机遇 / 盘和林，贾胜斌，张宗泽著 . —北京：中国人民大学出版社，2020. 5

ISBN 978-7-300-27986-2

Ⅰ. ①5… Ⅱ. ①盘… ②贾… ③张… Ⅲ. ①无线电通信—移动通信—通信技术 Ⅳ. ①TN929. 5

中国版本图书馆 CIP 数据核字（2020）第 045965 号

5G 新产业

商业与社会的创新机遇

盘和林　贾胜斌　张宗泽　著

5G Xinchanye

出版发行	中国人民大学出版社		
社　　址	北京中关村大街 31 号	**邮政编码**	100080
电　　话	010－62511242（总编室）		010－62511770（质管部）
	010－82501766（邮购部）		010－62514148（门市部）
	010－62515195（发行公司）		010－62515275（盗版举报）
网　　址	http://www. crup. com. cn		
经　　销	新华书店		
印　　刷	北京联兴盛业印刷股份有限公司		
规　　格	148 mm×210 mm　32 开本	**版　　次**	2020 年 5 月第 1 版
印　　张	8. 875 插页 4	**印　　次**	2020 年 11 月第 4 次印刷
字　　数	160 000	**定　　价**	69. 00 元

推荐序

5G 给社会带来的变化值得期待

2019 年是全球 5G 起航之年，也是中国 5G 商用元年。2019 年 6 月 6 日，工业和信息化部向中国移动、中国联通、中国电信和中国广电发放 5G 牌照，正式拉开了 5G 商用发展的序幕。5G 对经济增长会有显著的推动作用，根据 IHS 咨询公司 2019 年的报告，5G 在 2035 年会给全球带来 4.6%的经济总量的增加，对应的具体金额是 13.2 万亿美元。到 2035 年，5G 会带动全球 GDP 增加 7%，对中国而言，增加的 GDP 将超过 1 万亿美元。

5G 之所以能带来巨大的经济效益，一方面是因为 5G 所具有的高速率、低时延、高可靠性以及大连接性的特点，可以加速融合新技术的发展，进而对传统行业进行改造，并为各行各业的数字化转型发展创造新的机会。比如，5G 与 8K、AR/VR 等技术融合，能够促进超高清直播、3D 视频、云游戏、远程医疗等应用发展；5G 与人工智能及物联网融合，可以支撑产业协同设计、机器视觉、车联网等应用发展；5G 与区块链融合，可以支撑数字货币、产品溯源等。此外，5G 还将推动工业专用信息技术的融合，诸如传感器与反应器、可编程逻辑控制器 PLC、制造执行系统 MES、企业资源规划 ERP 等，支撑工业生产中的诸多生产要素，包括材料、机器、测量、管理、建模等，助推工业互联网发展。

另一方面，5G 作为新一代移动通信技术，将成为信息时代的基础设施，为各种新应用的诞生提供坚实的平台。移动通信与互联网的融合已经成为移动通信发展的趋势，3G 时代，淘宝、京东等移动电子商务相继崛起，微信等自媒体业务和社交应用蔚为大观；4G 时代，激发了视频业务和移动支付，催生了扫码支付、刷脸支付，点燃了共享经济，加快了短视频业务发展。那么 5G 时代的杀手级应用将会是什么呢？这是无法预先规划的。但只要我们准备好了 5G 网络能力，一定会催生目前无法想象的新应用，而这些新应用将把 5G 的能力发挥得淋漓尽致，并且这些应用的影响不仅限于生活，而是会延伸到社会的方方面面，比如智慧城市和各行各业，社会生活和工作形态也会因此发生巨大的变化，这正是“5G 改变社会”的基本内涵。

《5G 新产业》的作者从事数字经济研究多年，从经济学者的眼光来研究 5G，以宏观的视野和全局的观念透过技术来分析 5G 的经济价值及社会影响。本书第一章对 5G 的概念与内涵进行了介绍，包括 5G 是什么，它在技术上有什么突破，以及 5G 国际标准是如何制定的。第二章对 5G 成为大国关注焦点的原因进行了探究，并从产业的角度分析了中国在这场 5G 国际竞争中的位置。第三章聚焦新兴技术，详细分析了 5G 与物联网、大数据、人工智能和区块链的融合发展。第四章向读者生动展示了 5G 如何赋能农业、工业等传统产业的转型升级。第五章从 5G 为金融、文娱、医疗、教育等行业赋能的角度，分析了 5G 如何成为构建智慧社会的新基石。最后一章针对目前 5G 国际竞争的态势论证了开放合作的必要性，并分别从国内、国际两个角度阐述了 5G 将给中国带来的重要发展机遇，最后对 6G 进行了展望。

5G 商用进程已经启动，它将给社会带来的变化值得我们每一个人期待。本书内容全面、条理清晰、分析细致、通俗易懂，适于希望了解 5G 的大众读者参阅。

中国工程院院士

前　言

5G 将开启新的纪元

从上个世纪 80 年代末的 1G 时代，到如今的 5G 时代，我国乃至世界的通信技术发展已经走过了 40 年。在过去的 40 年里，工作无纸化、服务线上化、金融移动化、生活便捷化等种种改变，让人们享受到了科技进步的红利，更深切地感受到了通信技术非凡的迭代速度。

5G 的到来，意味着上一个通信时代的结束，也意味着一个新纪元的开启。5G 在通信技术方面具有革命性的意义，无论是架构、速度，还是核心理念都彻底重塑了传统通信技术。不仅如此，5G 技术的外延性功能更是惊人，能够带动人工智能、大数据等多项高精尖科技的快速发展，突破现有技术桎梏，进入一个新的发展阶段，因此，以 5G 为核心的一系列高新技术已被各国视为必争之地，俨然已经成为一个国家科技进步的象征。

本书较为详细地介绍了 5G 的概念与内涵，其中包含 5G 一些较为核心的技术，让读者对 5G 有一个比较清晰的认识。当然，本书并不是一本专业书，因而读者只需要理解 5G 有多大的威力和魅力就足够了。

接着，笔者站在国家发展的战略高度和全球博弈的角度，分别从世界经济、宏观经济、中观产业和微观企业层面，分析了 5G 为何成为大国关注的焦点，并且认为中国的 5G 技术发展已经处于世界领先水平，中国将引领全球 5G 技术发展，而在这个过程中，手机、VR 等行业的诸多优秀企业家将作为一线尖兵，发挥重要的作用。

实际上，在国家和企业纷纷投入 5G 建设的同时，新一轮的工业革命已经悄然到来。第一次工业革命，世界进入蒸汽时代；第二次工业革命，人类进入电气时代；第三次工业革命，世界进入计算机时代；那么这一次，5G 将带领世界走入一个怎样的时代？我们想，这个时代的名称绝不是一两个字所能概括的，它是人工智能时代、物联网时代、区块链时代、智慧经济时代等的有机结合体。“大隐隐于市”，当某种革命性的科技带来的改变具有渗透性、广延性时，肯定无法用一两句话、一两个方面来衡量它的作用，因为我们所处的世界、身边的万物乃至生活的方方面面，都会因此受益，并变得更好。

一切科学技术的最终目的都是应用，工业革命也正是将能量守恒、电磁感应、电磁波等技术应用在生产生活中，才真正改变了人们的生活。在书中，我们着重介绍了 5G 是如何改变产业、提升产业的。从“不苦、不穷、不危险”的农业，到“智造”替代“制造”的工业，全新架构、“边云协同”的互联网行业，再到融合 AI、AR/VR 等尖端技术的新产业，这一切，都在宣告 5G 所激发的产业革命已经到来，真正意义上的智慧经济雏形将逐步呈现在世人面前。

如果说生产还是国家层面的事情，那么消费与生活就与我们每一个人都息息相关了。5G 将彻底改变人们的生活，构建一个理想、智能、高效的智慧社会。人人都可以享受到更为便捷和更加个性化的金融服务，也可以感受更加真实和更具体验感的娱乐服务，还可以无需亲身驾驶汽车就安全到达目的地。同时，优质的教育、贴心的医疗将离我们更近，就医难、上学难的问题将迎刃而解，而政府也可以优化职能，探寻新智慧城市的运管方式，为居民提供更为高效的服务。

从技术层面到经济层面再到生活层面，读者想必已经对 5G 有了更为深刻的理解，也必将对 5G 时代的种种愿景充满期待。

5G 是一个技术吗？的确是！它改变了网络架构，升级了传输速度，它是新一代的通信技术。但它也不是，它是科技进步的标志，是生产智能化的基础，是提升人们生活水平的技术保障。

这本书描述了 5G 社会的全部美好吗？没有，笔者毕竟才疏学浅，虽有一番热情去探寻 5G 背后的绚烂色彩，但所能看到想到的，或许不及万一。当你感受到社会经济发展越来越健康和快速，生活变得越来越舒心和快乐时，这才是真正的 5G，也是 5G 诞生的意义。希望读者朋友在读完本书，再细细回想“5G 到底是什么”这个问题的时候，能够找到一个属于自己的答案，我们就心满意足了。

谢谢你翻阅本书！

盘和林

目录

第一章　5G时代横空出世

2019 年 6 月 6 日，工业和信息化部正式向中国电信、中国移动、中国联通、中国广电发放 5G 商用牌照，中国正式进入 5G 商用元年。5G 商用牌照是中国进行 5G 商用的准入门槛，牌照的发放不仅意味着运营商可以进一步扩大试用范围，更为重要的是，这一举措释放出中国“5G 产业已经做好准备”的强烈信号。

最近几年，全球通信产业对 5G 的研究和应用逐渐提速，不少公司在正式的 5G 技术标准出台之前就开始了各种技术测试，业内出现越来越多畅想 5G 时代美好生活的声音。而普通民众早就习惯了这些年来互联网和无线通信技术的快速发展，人们已经不满足于 4G 服务了，于是，业内的躁动一下子勾起了人们对 5G 的好奇心，点燃了人们对 5G 时代的期待和想象。

一时之间，5G成了全社会的一个热词，从政府到产业界到普通民众，都在谈论5G。

但对于大多数普通民众而言，5G就像是那“站在海岸遥望海中已经看得见桅杆尖头了的一只航船，立于高山之巅远看东方已见光芒四射、喷薄欲出的一轮朝日，躁动于母腹中的快要成熟了的一个婴儿”，我们都知道它已经在来的路上，但却只是隐隐约约地看到一个影子，甚至连影子都没看到，只觉得耳旁有呼呼风声。

那么，5G到底是什么？它究竟有怎样的威力和魅力？这是我们在这一章要尝试回答的问题。

5G的概念与内涵

5G涉及的内容较为复杂，包括标准由谁来制定，如何制定，为何要制定统一的标准等问题，本节内容将详细介绍。

通信标准由谁制定

我们都知道，所谓5G，指的是第五代移动通信技术（5th generation mobile networks），是继2G、3G、4G之后的最新一代蜂窝移动通信技术。而蜂窝移动通信（Cellular Mobile Communication），指的是以蜂窝无线组网方式，在终端和网络设备之间通过无线通道连接起来，进而实现用户在活动中可相互通信（可与固定电话，即座机相对比）。这种无线组网方式的主要特征就是终端的移动性，并且具有越区切换和跨本地网自动漫游功能。

实际上，5G的法定名称是“IMT-2020”，即“International Mobile Telecommunications-2020”。2015年10月26日至30日，在瑞士日内瓦召开的2015无线电通信全会上，国际电信联盟无线电通信部门（ITU-R）正式批准了三项有利于推进未来5G研究进程的决议，并正式确定了5G的法定名称是“IMT-2020”。同样地，4G其实也有一个法定名称叫IMT-Advanced，也是由ITU-R命名的。

而5G具体的标准制定工作是由3GPP（第三代合作伙伴计划）主管的。3GPP成立于1998年，最初只是一个为各国协调3G通信标准的组织，后来就负责起历代移动通信标准的制定了。该组织的成员主要包括组织伙伴、市场代表伙伴和个体会员三类。第一类成员是组织伙伴，主要有欧洲的ETSI（欧洲电信标准化委员会）、日本的ARIB（无线行业企业协会）和TTC（电信技术委员会）、中国的CCSA（中国通信标准化协会）、韩国的TTA（电信技术协会）、北美的ATIS（世界无线通讯解决方案联盟）以及印度的TSDSI（电信标准开发协会），以上七个组织也被称为SDO（标准开发组织），是3GPP最重要的成员，共同决定 3GPP 的整体政策和策略；第二类成员是市场代表伙伴，它们通常被邀请参与 3GPP 以提供建议，并对 3GPP 中的一些新项目提出市场需求的合作伙伴，包括 3G Americas、Femto 论坛等 13 个成员；第三类成员是个体会员，也被称为独立会员，各个希望参与 3GPP 标准制定工作的实体（包括设备商和运营商）均需首先注册成为任一 SDO 的成员，然后才能成为 3GPP 的独立会员，并具有相应的 3GPP 决定权以及投票权，比如注册成为 CCSA 成员的中兴、华为等企业。

通信标准如何制定

3GPP 技术规范的制定分为五个步骤，分别是早期研发、项目提案、可行性研究、技术规范和商用部署。我们结合 5G 技术标准的制定过程来看看这五个步骤的具体内容。第一步，很多个体会员产生了通信技术升级的想法，3GPP 就会把这些想法汇集到一起，形成一个愿景。第二步，个体会员发起项目提案，任何成员均可发起，但必须要有至少 4 个成员支持，然后经过 TSG（3GPP 的技术规范组，主要负责技术方面的工作）审核，审核通过后进入研究条目（SI）。第三步是可行性研究，每个项目提案经过多轮迭代和谈判，通过可行性研究后形成技术报告，由 TSG 审核通过后进入工作条目（WI）。第四步是形成技术规范，每个工作条目同样要经过多轮迭代和谈判，最终形成技术规范，由 TSG 审核通过后发布。然后进入最后一步，即商用部署，这个阶段各个体会员可以针对问题提出变更请求（见图 1-1）。

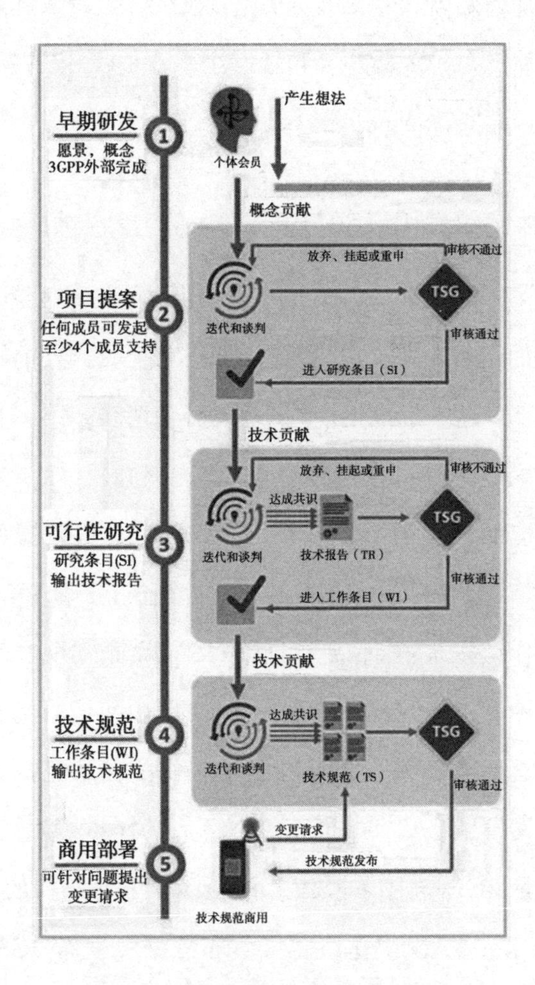

图 1-1　3GPP 技术规范的制定流程

在标准制定过程中，每一个参与者各自提出自己的想法，大家一起讨论、修改，最后形成共同的意见。由于技术不断在发展，大家的想法也会有所改变，因此标准的制定过程中不断有新东西加入进来。于是，3GPP会在某一个阶段冻结所有的需求，然后发布一个版本，叫作一个Release，中文简写为R，比如R14，其实就是Release14。

5G时代的大门已经打开

2016年2月，3GPP在R14阶段启动了5G愿景、需求和技术方案的研究工作，这属于早期研发阶段。目前，大家讨论的是R15，这个标准把5G的建设分为两步，第一步是非独立组网模式NSA，即采用现有4G作为核心网，4G为主，5G为辅，对应的标准是3GPP－R15－NSA，这是设想的前期做法。2017年12月，在3GPP第78次全会上，RAN（无线接入网）工作组发布了5G新空口的NSA标准，同时SA（业务和系统架构）工作组发布了面向SA的5G新核心网架构与流程标准，这标志着第一步标准制定工作的基本完成。第二步是独立组网模式SA，5G作为核心网，只有5G基站工作，对应的标准是3GPP－R15－SA。在2019年6月举行的3GPP第80次全会上，RAN工作组正式宣布冻结并发布5GSA标准，CT（核心网和终端）工作组正式发布5GSA下面向R15（Release15）新核心网的详细设计标准，这标志着第二步标准制定工作的基本完成，同时也标志着5G第一个完整标准体系的完成。

上面提到的NSA（非独立组网）和SA（独立组网），是5G标准中的两种组网方式。通俗来讲，NSA指5G与4GLTE联合组网，在利用现有的4G设备基础上进行5G网络的部署，即可同时使用4G核心网、4G无线网和5G无线网。但在NSA模式下，5G依赖于4G网络，不能单独工作，也不能共建共享，在带宽和时延方面的能力很有限，因此除了满足eMBB（增强移动宽带）场景外，对uRLLC（超高可靠低时延通信）和mMTC（海量机器类通信）等场景无能为力，这也是一些声音认为NSA是假5G的根本原因。

5G发展的重点目标之一就是为垂直行业的转型升级赋能，如果带宽和时延方面的能力跟不上，就根本满足不了uRLLC场景和mMTC场景的需求，因此，NSA注定只适用于过渡阶段，最终还是要转向SA组网建设。目前，3GPP在R16阶段已经确立了70余个标准化研究项目，重点围绕uRLLC场景和mMTC场景，从网络更智能、性能更极致、频谱更丰富、应用更广阔等几个方面进行5G标准增强。

从以上分析可以看出，在R16正式发布之前，从严格意义上来说，今天各家推出的基于NSA的5G服务，都是过渡性的。只有等到 SA 阶段，5G 网络的全部特性都可以实现的时候，才算真正进入了 5G 时代。

5G 为什么要制定全球统一标准

人们可能很好奇的一点是，为什么 2G、3G、4G 时代都可以有多个标准，而在 5G 时代就一定要全球统一标准呢？这个问题其实可以从两个维度去回答。一是移动通信技术发展的目标或者说使命就是实现更广泛的连接；二是全球化和全球分工使得各国相关组织和企业相互深度融合，难分彼此。

移动通信技术的首要发展目标就是实现人与人乃至人与物、物与物之间更广泛的连接，这是从 2G 时代开始就写在移动通信技术的基因里的。由于技术原因，2G 只支持语音和短信的传输，尽管相对 1G 已经有了极大的进步，但其系统容量相当有限，导致其连接人与人的能力也相对较弱。当时，全球主要有两套技术标准，即欧洲提出来的 GSM（全球移动通信系统）和美国提出来的 CDMA（码分多址）。

3G 则开启了移动互联网的新阶段。3G 不仅支持语音和短信传输业务，还支持数据传送，能够实现无线通信与互联网等多媒体通信相结合，数据传输速率达到每秒数百上千比特。3G 时代全球有三个标准，分别是欧洲的 W－CDMA、美国的 CDMA2000以及中国的 TD－SCDMA。就在 3G 时代来临之际，中国开始了第二次通信业改革，同时形成了三大运营商，即我们熟知的中国移动、中国联通和中国电信。中国3G元年，主管部门发放了三张3G牌照，分别是中国移动的TD-SCDMA、中国联通的W-CDMA以及中国电信的CDMA2000，这正是当时全球的三大标准。

如果说3G时代实现了手机终端和互联网的结合，那么4G时代则实现了对手机互联网化的全面革新。2004年，3GPP联合全球六大电信发展组织进行LTE的标准化工作，将LTE技术确认为全球的通用标准。后来的LTE一般指3GPP基于2004年开发的UMTS（通用移动电信系统）技术标准的长期演进（LTE也就是Long Term Evolution）。各方博弈的最终结果是，欧洲的LTE-FDD和中国的TD-LTE成为4G时代的全球两大技术标准。

通过以上对通信技术标准的发展历程的简单回顾，我们可以发现一个趋势，那就是全球范围内的通信技术标准逐渐趋于统一，这样看来，5G时代要制定全球统一的唯一标准，其实是一件顺其自然的事。那么，其中道理何在呢？我们在上面提及了移动通信技术的目标和全球分工这两个维度，更现实的其实是第二个。与其他很多行业一样，通信行业的全球化程度也达到了很高的水平。我们看到，5G标准制定的过程中，有很多我们熟悉或不熟悉的身影，比如国内就包括三大电信运营商，小米等手机生产商，还有华为等电信设备制造商。

这些参与方的业务遍及全球很多国家和地区，如果全球同时存在很多标准，那么手机生产商、电信运营商以及电信设备制造商就需要对不同的标准进行兼容，显然既费时又费事。试想，同样一款小米或华为手机，在国内用得好好的，但是一到美国或欧洲（假设与中国采用的是不同的标准），就完全无法通信，这会给消费者带来极大的不便。而且，手机生产商在出口时就需要针对不同的通信标准对同一款手机进行改造以适应不同的通信环境，成本也会大大增加。

而且，在 5G 标准的制定上，不管有关各方是否情愿，事实上早就形成了“你中有我，我中有你”的局面，比如在高通主推的 LDPC 码上，中国企业有不少专利；而在华为主推的 Polar 码上，很多外国企业同样有很多专利。所以，制定一个统一的 5G 标准，是全球主流企业的共同心声。

其实，从移动通信技术的发展来看，不同的技术标准实际上对形成更为广泛的人与人的连接形成了阻碍，而在 5G 时代，通信技术所要实现的不仅仅是人与人的连接，还要在此基础上实现人与物、物与物的连接，于是，全球统一标准的重要性就不言而喻了。

三大场景奠定核心竞争力

在第一节，我们详细介绍了 5G 技术标准的制定过程，也提到了各个阶段不同版本的 Release。尽管 5G 最终的标准还没有完全确定，很多技术细节还需要进一步完善，但在国际电信联盟的愿景中，有一点是确定的，那就是 5G 将面向增强移动宽带（eMBB）、海量机器类通信（mMTC）和超高可靠低时延通信（uRLLC）三大场景进行全面提升，这其中包括峰值速率、移动性、时延等能力，于是，高速度、海量设备、低时延就成了被广为接受的 5G 三大场景。

eMBB：增强移动宽带

eMBB 全称是 Enhanced Mobile Broadband，也就是增强移动宽带，其核心含义是在现有的移动宽带业务场景的基础上，进一步提升用户数据体验速度，这也是人们提起 5G 时最直观的印象。4G 的平均下载速度可以达到 30～50Mbps，用手机下载一部 1G 的视频用时通常也不过几分钟，用户体验比较好。但是在人群密集的地方，比如车站、大型会议现场等，你会明显感觉到网速的下降，简单来说就是带宽不够用了。根据香农第二定律，如果信息传输率超过了信道容量，就不可能实现可靠的传输。所以，为了满足上述情景中的信息传输需求，就必须增加无线通信的带宽。目前，全世界范围内4G通信的频率大概在1 000MHz（兆赫兹）到2 000MHz之间，如果向下扩展，带宽可增加的空间很有限，而且还要考虑到有些频率已经被占用了，扩展空间还将进一步被压缩。所以，向上往更高频率去扩展，就是很自然的选择了。

至于选择哪个频率，目前有两种声音，一是由华为及其同盟提出来的6 000MHz，即刚刚比无线网Wi－Fi高一些，我们都知道目前Wi－Fi一般工作在两个频段，即2.4GHz和5.0GHz（也就是2 400MHz和5 000MHz）。这个方案能够比较好地利用4G资源，绕过障碍物的能力强，而且技术也相对简单，很适合应用于和4G相结合的过渡型5G，也就是我们在前文所提到的NSA模式。二是由高通及其同盟提出来的28GHz，这个方案直指未来的SA模式，好处是在这么高的频段上，信号不会与现有的任何无线通信信号产生干扰，而且带宽可以扩得非常大，但是这个方案技术要求很复杂，信号的传输距离大大缩短，所要求的基站密度也大大增加。

总结一下，5G的高速率，主要来自无线信号频率的向上拓展所带来的带宽增加。网速变快给人们的生活方式所带来的巨大改变，我们已经从4G窥见一二，比如短视频和直播的爆发，基本上只要在有4G网络的地方，人们就可以用手机刷短视频和看直播，这在3G时代是难以想象的。那么，5G又将催生哪些改变人们生活方式的行业呢？目前，比较明确的趋势之一就是4K、8K高清视频直播，这将大大提升用户体验。更让人们期待的是那些还没有被我们看到，但是一旦出现就会极大改变我们生活方式的新产业。在憧憬未来时，不确定性或许比确定性更让人激动。

mMTC：海量机器类通信

mMTC，全称是massive Machine Type of Communication，即海量机器类通信，有时也被称为大规模物联网，其核心含义就是能够支持单位面积更大数量设备的连接。5G每平方公里可以支持100万的连接数，相比之下，4G每平方公里只能支持2 000左右的连接数，可见5G的设备连接能力完全突破了传统的人与人之间的通信，使人与物、物与物的大规模通信成为可能。

机器类通信（MTC）是实现万物互联的关键之一，对带宽和通信的实时性、可靠性有较高的要求。在3GPP对MTC的定义中，MTC是一种数据通信形式，它涉及一个或多个不需要人机交互的实体，与传统移动网络通信相比，MTC成本更低，而且可以实现海量连接。MTC涉及两种主要通信场景，一是MTC设备与一个或多个MTC服务器进行通信（一对一或一对多)；二是 MTC 设备与设备之间进行通信（多对多)。mMTC 属于 MTC 的一种，主要涉及的是第二种多对多的通信场景。同时，作为 5G 三大场景之一，mMTC 拥有可拓展和灵活的带宽，属于低速率传输，主要面向以传感器和数据采集为目标的应用场景。

要实现海量机器之间的通信，无线传输技术是关键。5G 的 mMTC 场景为了满足海量连接及数据采集的服务需求，诞生了许多种无线传输技术，包括 NOMA（非正交多址接入)、NB - IoT（窄带物联网)、LoRa（远距离无线电)、SCMA（稀疏码多址接入）以及 CS（压缩感知）等。每一种技术都有各自的特点，适用于不同的机器通信场景。

mMTC 的具体应用场景非常丰富，比如智能家居，不仅家里所有的智能设备都可以互相连接，通过一部手机或者音箱等设备就可以简单控制，而且某一个设备与其制造商也是连接的，假如你用的是小米品牌的空气净化器，小米后台也能够检测到室内的空气质量，如果过于干燥，小米加湿器就会自动打开。这都是未来非常可能出现的生活场景，而更广泛的 mMTC 场景还包括智慧交通（实时采集车辆、司机、行人、道路传感器和摄像机等海量数据，帮助优化交通流量分配)、智慧电表（自动记录电力、煤气或水的消耗量，并将数据自动传输到相应的公用事业单位）等。

uRLLC：超高可靠低时延通信

uRLLC，全称是 ultra Reliable Low Latency Communications，即超高可靠低时延通信，其核心含义是能够支持更低的端到端时延和接近100%的业务可靠性保证。时延方面，uRLLC场景下端到端时延约为4G的1/5，可以达到1～10毫秒，基站与终端间甚至可以达到上下行均为0.5毫秒的用户面时延。可靠性方面，5G uRLLC的可靠性指标是用户面时延1毫秒内一次传送32字节包的可靠性为99.999%。

网络时延来自上行链路和下行链路两个方向，简单理解就是我们通常所说的上传和下载，5G的uRLLC通过采用以下几种主要技术来实现更低的时延：(1) 引入更小的时间资源单位，比如mini-slot；(2) 上行接入采用免调度许可的机制，终端可直接接入信道；(3) 支持异步过程，以节省上行时间同步开销；(4) 采用快速自动请求重传（HARQ）和快速动态调度等。

在提升系统的可靠性方面，5G uRLLC采用的技术包括：(1) 采用更鲁棒的多天线发射分集机制；(2) 采用鲁棒性更强的编码和调制阶数（MCS，也就是调制与编码策略选择），以降低误码率；(3) 采用超级鲁棒性信道状态估计。所谓鲁棒，是Robust的音译，也就是强壮的意思。

总而言之，低时延和高可靠性使得5G uRLLC具备了非常可观的应用前景，比如无人驾驶、工业应用和控制、远程制造、远程手术等高度延迟敏感型业务。以无人驾驶为例，传统汽车在行驶过程中，刹车减速时，尾部红灯会立即亮起来，转向时也要求打开转向灯，这都是为了给后面的车辆一个信号，让司机有所准备。但车辆行驶速度越来越快，从前车打灯到信号传递到后车司机的眼睛，再到大脑反应、司机采取应对措施，这几秒的反应时间已经足以让追尾、剐蹭等事故发生了。

而在 V2X－5G 技术（V2X 即 Vehicle to Everything）的支持下，后车可以在极低时延后（几乎是实时的）收到前车刹车减速的实时精确数据，于是就可以及时而精确地根据前车的制动负加速度采取相应的减速措施，这样就大大避免了安全事故的发生。如果车与车、车与红绿灯等周边交通设施都实现了联网、实现了协同后，不仅交通事故会大大减少，交通拥堵情况也会大大降低，整个道路资源的利用率都会大大提高。

5G 的威力与魅力

如今，我们已经步入 5G 时代，那么，5G 到底有哪些特点和独特的功能？这些功能对人们的生活又会带来哪些改变？下面，我们进行详细介绍。

5G 魅力无穷

5G 概念初问世时，因缺乏对比参照的东西，一些用户无法理解 5G 存在的意义，更无法想象 5G 的未来应用场景与趋势，而 4G 技术已经非常成熟，相关应用也非常丰富，给用户带来了非常好的体验，比如图片、视频的加载速度非常快，而且画质清晰，使得用户可以在移动端随时随地刷微博、刷剧。资费也在可接受的范围之内，不用担心万一睡前忘了关流量开关，第二天一睁眼就要卖房子还债。

尽管如此，如果网速可以更快一点，网络时延可以更短一点，网络信号可以更稳定一点，信号覆盖区域可以更广一点，人们也不会拒绝的。而 5G 不仅可以在上述四个方面更好地满足人们的需求，而且由于其自身所具有的一些特性，人们对 5G 的期待早已超越了上述四个方面。随着 5G 魅力的逐渐显现，用户对 5G 时代的想象空间不断拓展，对 5G 时代的到来充满憧憬。这一切，都离不开 5G 的六大特性。

1. 高速度

如果问 2G、3G、4G、5G 的区别是什么，可能大多数用户的答案都是网速更快了。网速对用户的网络服务体验的影响不言而喻，如果可以 1 秒下载完王者荣耀，谁又愿意多花好几分钟等进度条呢？理论上，5G 的下行速度可快至 10Gb/s，是 4G

的近百倍，且 5G 的基站峰值要求不低于 20Gb/s，这意味着即使是在万人齐聚的演唱会、运动会等人流极其密集的地方，也不会出现由于抢带宽而导致的 4G 变 2G 的情况。

2. 泛在网

所谓泛在网，就是广泛存在的网络，它以实现在任何时间、任何地点，任何人、任何物都能顺畅地通信为目标。泛在网整合了多样化的信息通信技术，包含了物联网、互联网和通信网等所有已有的网络。如果泛在网的目标得以实现，那么我们将真正迎来万物互联的时代。比如，地下车库不再是网络盲区，小型基站将遍布整个车库，以支持汽车进行自动启动和停车等操作；当人们身处高山峡谷、深山老林等自然环境恶劣的地方，也不会因为无法联网而必须绞尽脑汁摸索复杂地形，小型基站的存在让人和所有联网设备可以随时保持在线状态，整个网络资源触手可及。

3. 低功耗

一些 MTC 终端，比如水表、电表等，可能需要部署在无法供电的地方，在这种情况下往往会使用电池为设备供电。目前，手机终端的最大待机时长为 5 周左右，正常使用时间甚至会短至几小时，这对于 MTC 终端来说显然是不可行的。因此，使用电池供电的 5G MTC 终端，需要能够满足超低功耗的要求，即用两节 AA 高能电池提供长达 10 年以上的续航能力。只有当 5G MTC 终端具备了这样的续航能力，才能真正实现万物互联。

4. 低时延

在第二节三大场景中我们已经对低时延有过介绍，简单来说就是信号从一个终端传输到另一个终端的响应速度更快了。而 5G 的超低时延使得很多领域看到了转型升级的可能性。比如在工业互联网领域，德国某研究所在 5G 网络下对飞机喷气式发动机所用的扇叶盘进行测试，发现利用毫秒级的低时延能力控制和实时监控生产工艺，可以将打磨时间降低 25%，质量提升 20%。除此之外，对于像自动驾驶、VR 等对时延有很高要求的领域，5G 通信网络的引入将大大提高生产效率和可靠性。

5. 万物互联

1G 到 4G 解决的是人与人之间的通信，而 5G 则侧重解决人与物、物与物的通信，将实现“随时随地万物接入”，也即万物互联。从连接的本质来看，相较于原来的孤立的、不连续的连接，万物互联实现的是可以全程跟踪、任何时刻的连接。往小了说，在一辆汽车里，比如特斯拉汽车里有几百个传感器监控汽车运行的情况，并进行行车记录，包括司机有没有握好方向盘，是不是在行驶过程中使用了手机等等。汽车一旦出现故障，厂家可以马上定位问题的原因，而不需要像其他汽车维修中心那样在修理之前还要花上几个小时去排查故障原因。往大了说，IBM（国际商业机器公司）曾提出“智慧地球”的概念，认为通过把感应器嵌入和装备到全球每个角落的电网、铁路等各种物体中，普遍连接形成物联网，然后通过超级计算机和云计算将物联网整合，最终就能形成“互联网＋物联网＝智慧地球”。

6. 重构安全体系

5G将实现更为广泛的人与物、物与物之间的连接，同时这也意味着一旦出现安全漏洞，将会是系统性的，其破坏力大大增加。试想，如果无人驾驶系统被攻破，那么可能整条街道甚至整座城市的汽车都将被黑客控制，这会造成怎样的混乱？试想，如果智能健康系统被侵入，那么大批用户的个人健康资料被泄露，这会造成怎样的恐慌？在泛在网时代，人与人、人与物、物与物都通过网络连接在一起，牵一发而动全身，所以，为了保证整个泛在网的安全，在5G网络构建中就应该在底层解决安全问题。从网络建设之初，就应该加入安全机制，信息应该加密，对于特殊的服务还应该建立起专门的安全机制。随着5G的大规模部署，越来越多的安全问题将会逐渐出现，世界各国应该就安全问题形成新的机制，最后建立起全新的安全体系。

5G威力十足

2019年被称为5G元年，从除夕夜央视VR春晚节目直播到港珠澳大桥珠海公路口岸的试运行，从广东首例5G+4K远程手术直播到“智慧城市”构建，无不展现着5G的威力。

1.5G助力工业自动化

工业和信息化部部长苗圩在谈及5G未来的应用场景时曾表示，未来5G应用场景的80%会在工业互联网，工业互联网是将机器和先进的传感器、控制和软件应用进行连接的结果。根据GE（美国通用电气公司）预测，工业互联网将影响46%的全球经济，其在未来的重要性不言而喻。

如今，我国的工业生产多以手工与机械化生产相结合的形式运行，在资源和人工成本日益高企的今天，这种运行方式的效率就显得很低了。效率低，实际上也可以说是对有限资源的一种浪费。工业自动化是提高工业运行效率的一个重要手段，而5G则给工业自动化带来了更大的想象空间。2019年4月10日，5G智能制造生产线在武汉启动，这也意味着中国移动湖北公司与中国信科集团联合打造的基于5G的工业互联网应用“5G智慧工厂”正式进入生产阶段。据了解，该智慧工厂改造前是华中地区规模最大、自动化程度最高的无线产品制造基地，年产能逾50万件。引入“5G无线+5G边缘计算+移动云平台”组网模式后，可以实现设备点对点通信、设备数据上云、横向多工厂协同、纵向供应链互联，生产效率较改造前提升30%以上。[①]

在2019年11月14日的黄石工业互联网大会上，中国电信湖北公司副总经理石三平表示，5G将通过工业互联网在以下三个方面给我们的经济、社会和生活带来颠覆性的变化：第一，工业连接。在工厂外施行互联互通，工厂内以工业互联为核心，5G与边缘计算结合，实现云AR，未来将颠覆工业装备的产业形态。第二，工业云网。工业云网是物联网、云计算、大数据等新一代通信技术与现代工业技术深度融合的产物。中国电信已经利用工业云网，实现了不同地区生产设备和智能终端数据汇总、分析的场景。第三，工业平台。中国电信的天翼云，支持多种架构的运用和云服务，可以用于营造5G工业互联网的新生态。

2. 5G推动万物皆媒的新形态成型

5G时代，当万物接入广泛存在的物联网时，它们就具备了很多人都没有的部分能力，或者大大超过了人的某些能力。比如，像无人机等设备就能够进行连续的信息采集，除了极个别的极端情境，在大多数日常场景中它们几乎不会受到周边环境

---

① 5G智能制造生产线启动［N］. 人民日报，2019-04-11（10）.

的限制，仅这一点就大大拓展了信息来源。而且，它们可以将采集到的信息自动加工并传播给用户，大大简化了信息传播的程序，提高了信息传播效率。

除此之外，在信息传播的真实性和有效性方面，让物自己说话在很多时候比通过人说话更能反映出事实的全貌和真实情况。比如，通过数据检索等方式将关于同一事实的多维度信息整合在一起，以类似数据新闻的形式进行可视化展现，可以在一定程度上避免或者减轻媒体人在事实报道中有意或无意地掺入个人主观判断的情况。这样的话，公众从新闻报道中接收到的信息将更具客观性和中立性，从而可以作为个人做出独立判断的重要参考。

在传播学中有这么一个概念，叫“拟态环境”，由李普曼在1992年出版的《舆论学》一书中提出，其认为现代社会变得越来越巨大和复杂化，对超出自己经验以外的事物，人们只能通过各种新闻机构去了解。这样的话，现代人的行为在很大程度上已经不是对真实客观环境的反应，而成了对大众传播所营造出来的“拟态环境”的反应。不难发现，“拟态环境”其实并不是客观环境镜子式的再现，而是传播媒介通过象征性事件或信息进行选择和加工，然后重新加以结构化以后，向人们展示的环境。拟态环境的构建者传统上一直以媒体为主，但自媒体以及微博、微信等平台的兴起，让更多普通人的声音也能在舆论场中溅起浪花，从而新闻受众不仅通过拟态环境认识现实世界，同时又通过自己的发声作用于拟态环境，并进一步对客观现实产生影响，使得拟态环境和现实环境走向融合。

随着物成为新型传播者，拟态环境将越来越能反映真实的客观环境，如此，人们对拟态环境做出的反应，也将更接近对客观环境做出的反应，从而大大减少因传播信息脱离或扭曲现实而对人们推动社会进步的热情，以及人们为推动社会进步所采取行动的有效性所造成的负面影响。

3. 5G 促进社会结构转型升级

第一，虚拟社会与现实社会全面融合。

4G 时代的网络世界已使人们对虚拟世界产生了初步印象，而在 5G 时代，场景化的出现，使现实世界与虚拟世界的边界进一步淡化甚至消失。5G 技术的出现，打破了时空的限制，使人们能够进入如 VR 世界的全方位原景浮现的虚拟场景中，让用户无法准确判断是如临其境还是置身其境。因此，人们的生活方式实现了由现实生活向虚拟生活的过渡，比如线上提供与真实世界相同的场景，人们在这一虚拟场景中进行学习、娱乐。这使人与人、人与物的互动性和交流感进一步增强。总之，实体空间与虚拟空间的融合、人与技术的融合、技术与技术的融合将成为 5G 时代的发展趋势。

第二，全面进入物联网时代。

万物互联，可理解为5G使每个人、每个家庭、每个组织以数字化的形式相互连接，构建为万物互联的智能世界。如5G专家所言，5G网络将承载10亿场所的连接、50亿人的连接和500亿物的连接。比如人与人之间的远程交流，最初是以一个家庭一部电话进行信息传递；1G时代，一人一部手机进行交流；2G时代，短信互发深受人们追捧；3G时代，多媒体形式出现；4G的出现使人们进入网络时代，网聊成为普遍的交流互动方式；而在5G时代，除了人与人，人与物、物与物也可进行连接，比如智能机器人、无人驾驶、可穿戴设备等。这使人们的生活方式更加多样化、细致化，也推动了社会变革和发展。

4. 未来场景的科幻色彩

“科学技术是第一生产力”的论断大家已经耳熟能详，其背后的意义是无止境的构想与建构。伴随5G技术的不断提升，无论是无人驾驶还是远程医疗，无论是智能检控还是虚拟场景体验，无论是智能机器人还是自动化工业，从生活到工业，从传媒业到服务业，各个领域无不发生着翻天覆地的变化，无不展现着未来场景的科幻色彩。

第一，车联网将成为现实。车联网是通过移动通信技术实现车与车、车与人、车与路和车与云端的互联，以实现车辆协同控制和交通安全的保障。关于车联网，在2019年3月的“博鳌亚洲论坛”上，工信部部长苗圩对此多有阐释。

ETC（不停车收费系统）不断普及。ETC是基于DSRC（专用短程通信技术）的“初代”车联网应用，如今ETC已逐步落户全国各省市，现在只实现了高速网络付费，未来停车、加油、交通违规等场景也存在网络缴费的可能性。

C－V2X（一种先进的无线通信技术，能让车辆、信号灯、交通标识、骑行者和行人的通信设备实现互联，并共享当前状态、位置及行动意图等信息）或将成为国内车联网建设的主要方式。C－V2X的性能优于DSRC，一方面能够与车联网低时延、高可靠的需求相符；另一方面其应用价值、技术专利、产业成熟度等都具有一定优势，并且中国已完成全球首次C－V2X“四跨”测试。因此C－V2X或将成为国内车联网建设的主要方式。

V2X的建设重点是从铁路、公路、机场等传统基建升级到以信息基础设施为代表的科技新基建。如今，国家重点推进V2X网络先行，意味着全国车联网基础设施建设将加速升级。

当然，无论ETC还是C－V2X，RSU（路侧单元）都是建设先锋。车联网关键产业环节主要包括RSU、OBU（车载单元）、芯片/模组等。而路侧单元RSU是实现车联网网络连续覆盖的重要基础设施。

不管是ETC的普及，还是C－V2X的运用，都离不开网络基础设施，要更好地运用车联网的各节点设备，充分实现车辆协同控制、交通安全有保障，必定离不开5G的技术支持。5G网络是自动驾驶实现普及化的必备条件。

如今伴随着人民生活水平的提高，大部分家庭都拥有汽车，甚至不止一辆，在带来便利的同时，交通拥挤、交通事故时有发生，而监控的模糊画质、无法全方位记录全过程等问题时有发生，5G的出现，解决了这类问题，自动驾驶汽车可以在交叉路口与周围车辆进行自动交流，避免车车相撞的交通事故发生，即使不幸发生，汽车内的传感器和摄像头早已无死角地记录了全过程。

第二，远程医疗实现医疗资源平民化。

基于5G网络的远程动物手术（远程将一头小猪的肝小叶切除）的成功意味着远程医疗已成为可能。现阶段，药价高、就医难等问题困扰着百姓，医患矛盾也已上升至社会问题，5G的普及，将为这类问题开出一剂良方。前面提到，5G时代是一个万物互联的时代，医生与患者、医疗设备和患者之间都能实现连接，比如患者不用面约其主治大夫，医生借助相关设备甚至机器人便可以对患者进行远程治疗。再如，5G＋AI可实现远程心脏手术。

第三，城市安全系数提高。

现今，模糊的监控画质成为寻找危险因素的绊脚石，而清晰的画质需要高分辨率和低失真度，4G 技术尚未满足该需求。而 5G 的低时延、低能耗恰好符合这一需求，使监控设备达到 8K 分辨率，帮助办案人员或查证者能观看并传输具备高画质的监控视频，从而准确地判断视频中的人物和事件发生的全过程，发觉易忽视的细节。这也在一定程度上警示了那些居心不良之人，使他们不敢为所欲为，进而使城市安全系数得到提高。

第四，灾难救援效率显著提升。

中国的地域之大、人数之多令人自豪，很多时候是一种优势，但在发生灾难时，也成为一种劣势，因为不同地域具有不同的地势状况、经济条件、信息传播能力及人员分布状况。因此，面对突发灾难，我们常常因不了解真实情况而束手无策，5G 技术的出现有效地缓解了这一问题。当灾难发生时，5G＋无人机能够发挥出重要作用。先让装有先进监控设备的无人机飞在前面，让它把灾难现场的信息及时传送，救援人员就可以了解到最新消息，并可以根据现场状况做出正确决策。

第二章　5G 缘何成为大国关注焦点

历史经验表明，每一次工业革命都会给人类社会带来巨大的变化，能够在工业革命浪潮中把握机遇、挺立潮头的国家，将会取得发展先机，而没能跟上时代步伐的国家，一步落后步步落后，很有可能从此被历史进程抛下。当前，第四次工业革命正在孕育之中，而 5G 则被视为将在新一轮工业革命中扮演基础设施作用的关键技术，哪个国家抢占了 5G 技术发展制高点，在很大程度上就意味着可以在第四次工业革命中抢得先机，因此，5G 成为各国尤其是像中美这样的大国的关注焦点，就是一件很自然的事了。

大国博弈背后的秘密

众所周知，自从出现国家之后，国与国之间的明争暗斗从未停歇。过去，为了领土和资源，不同的国家会进行残酷的杀戮。如今，随着人类文明不断向前发展，国家之间的各种博弈仍在继续，并且将长期延续下去。

为新一轮工业革命打牢基础

如今，大国在 5G 话语权上的争斗十分激烈，但仍有一些人认为，5G 不过是移动通信的一次更新换代，有必要在国家战略层面大打出手吗？持这种看法的，是因为没有看到，新一代移动通信技术作为信息化社会的基石，对整个社会未来的发展所将起到的支撑作用。而这个支撑作用，在很大程度上体现为新技术对新产业的催生作用，而掌握了这种新技术的国家，就在新产业发展进程中拥有了更多的话语权，这将进一步发展成为国家的产业竞争力。过去的历次工业革命都证明了这一点。

工业革命的基本范式是：原有产业＋新技术＝新产业。[①]在第一次工业革命中，新技术是蒸汽机。当蒸汽机被应用于传统的纺织业、运输业和陶瓷业等，这些产业都被重新定义了。比如纺织业，一直以来都是以家庭为单位的小手工业，当引入蒸汽机后，纺织品的生产效率大大提高，英国纺织公司生产的纺织品供过于求，为了消化产能，英国打开了中国和印度的市

---

① 吴军．浪潮之巅［M］．北京：人民邮电出版社，2019.

场，使得这两国延续千年的家庭纺织业很快消失。此后，全世界的纺织业都开始建纱厂、织布厂，一个新产业就此诞生，而英国也凭借其在蒸汽机技术上的领先地位，成为在整个第一次工业革命期间无可置疑的超级大国。

在第二次工业革命中，新技术是电力。虽然与供电直接相关的公司不多，但与电相关的各种产业却相继兴起，从而改变了整个社会的形态。当电力被应用于传统的通信、交通等行业时，这些行业也就成为了新行业。比如通信业，传统上都是依靠马和信鸽这样的动物来传递信件和商业票据，甚至还有的公司在英国和美国建立起了遍布全国的驿站网络，但电话和电报的出现直接改变了通信业的形态。此外，各种电气的出现则直接导致了新产业的出现，几乎每一种电气都代表着一种新产业。进入电气时代后，掌握了关键技术的英国、法国、德国、美国、日本则在新世界格局中占据了主导地位。

在第三次工业革命中，新技术是计算机和半导体。这一波发展大潮的引领者毫无疑问是美国，甚至进一步可以说是硅谷，自从威廉·肖克利成立著名的仙童公司后，硅谷相继诞生了英特尔、AMD等至今具有世界影响力的半导体集成电路厂商。而今，硅谷集聚了谷歌、Facebook、惠普、苹果、思科、特斯拉、甲骨文、英伟达等公司，引领了全世界计算机、半导体行业的发展。

而后来美国的互联网之所以能领跑全球，则与上世纪90年代的“信息高速公路”计划密不可分。1992年2月，美国总统乔治·布什发表国情咨文提出，耗资2 000亿～4 000亿美元，以建设美国国家信息基础结构（NII），作为美国发展政策的重点和产业发展的基础。4 000亿美元，约占美国当年GDP的6%。如此巨大的投入，给美国带来了什么呢？最直接的就是互联网和信息经济的飞速发展。如果没有信息高速公路这一基础设施，美国的互联网产业是不可能发展得如此迅猛的。据统计，美国国民生产总值因信息高速公路建成而每年增加3 210亿美元；家庭办公等减少铁路公路和航运工作量的40%，也相应减少能源消耗和污染，仅汽车废气排放量每年减少就达1 800万吨；劳动生产率提高了20%～40%。而美国互联网从90年代开始飞速发展，诞生了大量的互联网巨头企业，同时，又促进了芯片、微电子、光电子、声像、计算机、通信等相关领域的突破进展。

所以，为了在未来新一轮工业革命带来的新产业竞争中获得主动权，各国都不遗余力地推动相关基础设施的不断完善。其实只要意识到5G技术对于第四次工业革命的基础设施作用，就不难理解为什么各国即便在5G标准都还没完全确定下来就纷纷上马5G项目了。而中国素有“基建狂魔”之称，这些年在基础设施建设上投入了巨量的资金，高速公路、机场、高铁、桥梁、隧道等以令人目不暇接的速度建成，它们对中国经济发展的促进作用是有目共睹的。因此，全力发展5G技术，性质其实跟修路建桥一样，就是为数字经济提供稳固和完善的基础设施。

移动通信经济效益巨大

随着数字经济的全面崛起，移动通信在社会经济发展中的作用和地位不断提升，移动通信将成为经济高质量发展的重要引擎。而在全球经济不断深度融合的大趋势下，掌握了移动通信行业的话语权和技术专利标准，也就意味着能够从中获得更多的利益。

据全球移动通信系统协会（Global System for Mobile Communications Assembly，GSMA）的研究数据，2017年，全球移动通信行业实现生产总值3.6万亿美元，对GDP的贡献率达到4.5%。2018年，中国移动行业直接和间接创造的工作岗位达850万个，创造的经济增加值为5.2万亿元，其中包括直接贡献、间接贡献及对生产力的提升。该协会同时预测，到2023年移动通信对中国经济发展的贡献将达到约6万亿元。

基于GSMA的分类，移动通信主要通过以下三个渠道产生经济效益。

第一个是移动通信产业链，这也是最直接相关的细分领域，主要包括基础设施建设、设备制造、分销和零售、网络运营、内容服务等行业，这一部分 2017 年对全球生产总值的贡献是 1.1 万亿美元，占当年 GDP 的 1.4%。

第二个是非直接相关行业，主要指的是信息技术和通信技术融合下的产业，也即 ICT 产业（Information Communication Technology），GSMA 数据显示，2017 年 ICT 产业对全球生产总值的贡献超过了 4 900 亿美元，占当年 GDP 的 0.6%。ICT 产品的贸易量举足轻重，世界经济论坛的数据显示，在全球商品贸易额排名中，ICT 产品占据了前十强中的四个席位，贸易额合计占全球贸易总额的 8.3%，其中集成电路是汽车、石油之后的全球第三大贸易产品，贸易额超过 8 000 亿美元。随着带宽对通信技术发展的限制愈加显著，未来通信行业发展的主要方向是与信息技术相融合，因为信息技术中的网络功能虚拟化、云计算、大数据技术有助于突破带宽的限制。

第三个是移动通信的行业垂直应用，这一部分应用是最具想象空间的，也是通信技术和信息技术发展的最终落脚点，主要包括物联网、企业通信、政府通信、机器通信等方面，这些应用在 2017 年对全球生产总值的贡献是 2 万亿美元，占当年 GDP 的 2.5%。随着 5G 的兴起，可以预见，这些应用所带来的经济效益将会更加巨大。

在全球利益分配中分得一杯羹

在科技行业有这么一句话，“一流企业定标准，二流企业做品牌，三流企业做产品”，非常精辟地描述了在产业价值链中不同位置的企业的地位。企业一旦成为标准制定者，而且全球企业都通用这一个标准时，那么标准制定者就可以坐收专利授权费，即便多多少少会受到激烈市场竞争的影响，但这种影响是微乎其微的。因此，专利的多少成为企业竞争力的核心指标之一。而在5G通信产业领域，通信标准全球统一，专利的重要性就更加凸显了。

既然要通信，肯定不能每个地区一个标准，只有标准统一才能实现更为广泛的人与人之间的连接。而当通信标准统一后，通信基地台、通信设备制造商、行动装置制造商（手机、智能装置），从上游到下游的通信产业都必须缴纳高额的专利费。下游厂商激烈竞争乃至进入红海，自己拿到的利润其实已经很微薄了，利润的大头都进了通信标准制定商的腰包。因此，在通信领域，通信标准是企业必争之地。

在1G时代，因没有全球统一的技术标准，那时的“大哥大”不能在世界各地漫游。在2G时代，欧洲联合起来，以分时多工（TDMA）为核心技术推出了GSM（全球移动通信系统），到1991年，全世界有162个国家建立了GSM通信网络，使用人数超过 1 亿，市场占有率高达 75%。到了 3G 时代，高通围绕着功率控制、同频复用、软切换等技术构建了 CDMA 专利墙，几乎以一己之力垄断了 CDMA 技术的所有专利。这种局面当然不会那么容易被广泛接受，于是欧洲提出 W－CDMA 标准，中国提出 TD－SCDMA，再加上美国的 CDMA2000，全球就有了三大标准。到了 4G 时代，局面又有了新变化，OFDM（正交频分复用）和 MIMO（多入多出）技术的出现使得 CDMA的技术优势不再那么明显了，很快，3GPP 组织在 2008 年提出长期演进技术（Long Term Evolution，LTE）作为 3.9G 技术标准，并在 2011 年又进一步提出长期演进技术升级版（LTE－Advanced）作为 4G 技术标准，以淘汰 W－CDMA。最后的结果就是 LTE－Advanced 成为了 4G 唯一技术标准，3GPP 是制定标准的组织，而标准是由通信行业各参与方提出来的，因此该组织制定标准的同时，其实也是在协调各方利益。①

由于 5G 涉及的标准众多，因此各利益相关方的明争暗斗也格外激烈。我们都知道 5G 有三大核心场景，即增强移动宽带（eMBB）、海量机器类通信（mMTC）和超高可靠低时延通信（uRLLC），而在每个场景中都分为控制信道编码和数据信

---

① 5G 之争：从 1G 到 5G，各国是如何明争暗斗的？[EB/OL].（2018－12－06）. https：//36kr.com/p/5165760.

道编码两个标准，编码又分为长码和短码。早在 2016 年 10 月 14 日，在葡萄牙里斯本举行的会议上，LDPC 码战胜了 Polar 码和 Turbo 码，被采纳为 eMBB 场景的数据信道的长码编码方案。随后，数据信道的短码方案也被美国的 LDPC 码拿下。而在控制信道的短码方案上，Polar 码虽不成熟，却是目前人类已知的第一种能够被证明达到香农极限的信道编码方法，因此在 3GPP 会议上赢得了与会者的多数支持。而 Polar 由华为主导，联想之前澄清说自己投了华为，其实就是投的 Polar 码。

当然，支持 Polar 的远不止华为一家，投票支持 Polar 的还有联想、摩托罗拉等 60 多家企业，这些企业之所以支持该方案，一方面是因为这个方案在技术上确实具有优势，另一方面也因为这些企业跟华为达成了协议，可以在未来共享这部分收益，比如以专利交叉授权的形式。

对于中国而言，虽然这次 Polar 码最终只是“四进一”，但是仍然具有历史性的意义，因为编码方案涉及算法，是最核心、最底层的标准。不管是在 2G 还是 3G 时代，高通凭借 Viterbi 算法让业界相信 CDMA 代表了无线通信技术的发展方向，所以，虽然中国、美国和欧洲都搞出了一套标准，但实际上采用的都是 CDMA 技术，从而让高通掌握了主导权。即使到了 4G LTE 时代，虽然中国公司已经大量参与了 4G 标准的制定工作，但是由于核心长码编码 Turbo 码和短码咬尾卷积码都不是由中国公司主导，所以中国仍然无法取得 4G 发展的主导权。而这次 Polar 码在 5G 编码方案中的阶段性胜利，也就标志着 5G 技术标准主导权的争夺由中美欧三雄混战变成了如今的中美两强并立。

中国 5G 产业家底几何

要分析中国 5G 产业的家底如何，得从全产业链去看。5G 产业链从前期的规划设计，到组建器件材料、搭建设备网络，再通过运营商或终端投放应用到各个领域，可以大致分为上游产业、中游产业和下游产业三个环节。[①]

上游产业

上游产业主要包括规划设计和器件材料两部分，其中网络规划运维主要包括无线接入网、业务承载网等前期规划设计和后期优化运维。5G 无线网络规划中主要关注的是业务预测、覆盖规划、容量规划和站址规划。而器件材料则主要包括芯片、光器件以及光纤光缆等。

1. 5G 网络规划运维方面

在为客户提供 5G 网络规划解决方案方面，华为处于行业

① 2019 中国 5G 产业研究报告 [R]，2019.

领先地位。

低频组网和网络规划方面。在4G时代，客户通过快速提供4G服务，市场份额获得连续增长，而在5G时代，客户还想继续保持先发优势，就必须先于其他运营商部署5G连续覆盖网络，提供高速率5G eMBB体验，才能继续提升网络品牌并保持市场地位。但由于5G相对4G有大量的改进，传统的4G网络规划技术已经不能满足5G网络诉求，客户亟须获得5G网络规划的经验和方法。针对此需求，华为在试验网建设中提供了5G网络规划解决方案及软件平台U-Net支撑客户快速进行网络建设。具体说来，华为基于自研的高精度射线追踪模型以及覆盖预测功能，能够准确仿真CBD、密集城区、普通城区居民区、沿江高速路等环境下的覆盖效果，帮助客户评估不同规划方案的网络性能。此外，使用华为精准站址规划ASP功能，可以根据建网目标从4G候选站址中选择出最佳的5G站址，并提供最佳方向角和下倾角配置建议，保证最佳拓扑和最佳覆盖。

2018年1月，客户与华为联合启动100个AAUC-Band试验网络建设，确定3大区域5大场景的网络规划和部署。依托华为5G无线网络规划解决方案及软件平台U-Net，完成了试验区域的5G站点选择、RF参数规划和对应的覆盖评估，并完成了20+ AAU的开通测试。经过试验网的测试验证，华为5G无线网络规划解决方案的准确性得到认可。基于密集城区已建设的 5G 站点的测试结果对比，华为 5G 覆盖预测结果与实测 RSRP 的均值误差和标准差均满足预期，准确性领先。

高频组网和网络规划方面。设想这样一个场景，客户网络是一个典型的多用户单元，用户密度约为 400 户/栋，楼宇通常为 10～30 层，每层 6～20 户。这类高容量价值的楼宇，基本都有 DSL/Cable 覆盖，但由于物业协调困难，光纤入户难以进入，在这种情况下，采用无线 WTTx（无线宽带到户）将是非常好的替代方案。客户要求网络建设好后，用户体验速率能达到：下行峰值速率 1 000Mbps；在忙时，用户的平均吞吐量需要达到下行 25Mbps。针对此需求，华为提供的方案是，在建网前，根据建网目标规划站址和 RF 参数，提供覆盖仿真结果，这样就可以大大降低客户试验网建设成本；网络建设完成后，继续提供覆盖仿真能力，辅助客户选择测试路线或测试点，减少客户无效测试验证，降低了试验网测试成本；网络建设完成后，华为提供 5G 覆盖仿真能力帮助客户识别可放号友好用户，和客户规划友好用户 CPE 安装位置，将单个 CPE 安装耗时从 3 小时减少到 0.5 小时。

2. 器件材料方面

芯片产业。芯片，也即集成电路，被喻为“现代工业的粮食”，是物联网、大数据、云计算等新一代信息产业的基石。集成电路产业链分为设计、制造和封测三个部分。其中，设计位于价值链顶端，属于技术密集型产业；制造属于资本密集和技术密集型产业；封测技术含量较低，属于劳动密集型产业。从这三大环节来看，中国在芯片封测环节发展最好，无论在技术水平还是生产规模上，中国企业与国际顶尖企业基本没有什么差距。

但在芯片制造环节，中国企业跟世界一流水平还存在很大的差距。当中芯国际还在苦苦提升 28nm 工艺的良率时，来自中国台湾的台积电已经掌握了 7nm 工艺并开始研发 5nm 工艺了，这意味着中芯国际在技术上与对手至少存在着三代的差距。

而在芯片设计环节，中国企业整体上与国外一流企业存在不小的差距，但在一些细分领域已经有了重要突破。比如，在个人电脑 CPU 领域有胡伟武教授带领的龙芯中科，在服务器和超算 CPU 领域则有申威、飞腾等，在 GPU 领域则有景嘉微、兆芯。

在手机芯片方面，华为海思的麒麟系列，性能已经基本与高通、三星等最先进产品持平，也因此被许多人视为手机芯片厂商的有力竞争者。在 5G 基带芯片方面，华为发布了巴龙 5G01，符合 5G 标准 R15 规范，支持 Sub－6GHz 中低频，以及 28GHz 高频毫米波，兼容 2G/3G/4G 网络，主要应用在小型网络终端产品上。

光器件产业。光器件是光网络传输的关键元素，主要分为有源器件和无源器件。简单来说就是，需要电驱动的是有源器件，不需要的就是无源器件，比如光开关不需要外加电源就可以发挥作用，属于无源器件。

光器件产业链可分为“光芯片、光组件、光器件和光模块”。光芯片和光组件是制造光器件的基础元件，其中芯片占据了技术与价值的制高点，国内仍然薄弱；光组件主要包括陶瓷套管/插芯、光收发接口组件等，现阶段中国是光组件产业全球最大的生产地。将各种光组件加工组装得到光器件，多种光器件封装组成光模块。国内高速光模块厂商，如光迅等竞争力正在提升，其下游一般为光通信设备商、电信运营商和数据中心及云服务提供商等。

目前，我国高端光通信芯片市场基本被国外厂商垄断，它们占据了高端光芯片、电芯片领域市场 90%以上的份额。光迅科技是国内少数具备光芯片设计及量产能力的企业。在高速率激光器和调制器芯片上，我国仅光迅科技、海信宽带等少数厂商能量产 10G 及以下速率光芯片，25G 基本依赖进口。在无源芯片方面，PLC 光分路器芯片国内的光迅科技、仕佳光子、鸿辉光通等已实现批量供应，AWG 芯片仅光迅科技、仕佳光子等可以提供，应用于高维数 ROADM 和 OXC 设备的 WSS 芯片主要依赖进口。[①]

---

① 2019 年中国光器件行业发展概况、未来发展趋势及市场发展前景分析［EB/OL］.（2019 - 06 - 11）. https：//www. chyxx. com/industry/201906/746968. html.

总体而言，在光器件产业方面，中国大陆企业与世界一流企业还存在相当大的差距，但在某些细分领域已经逐渐迎头赶上。

中游产业

中游产业为设备网络，主要包括主设备商（基站、传输设备）、基站/天线（小基站、天线）、网络（SDN/NFV、网络工程、网络优化）、配套（配套设备、芯片终端配套）。这部分是5G全面覆盖的关键，也是各国努力的方向。在设备网络中，传输网络是5G发展的关键，因此基站就显得尤为重要。而我国在基站建设方面的投入远超其他国家，这直接构成了我国的竞争优势。

基站是公用移动通信无线电的台站。在5G时代，“宏基站为主，小基站为辅”的组网方式是未来网络覆盖提升的主要途径。主要是5G时期采用3.5G及以上的频段，在室外场景下覆盖范围减小，加上由于宏基站布设成本较高，因此，需要小基站配合组网。根据3GPP制定的规则，无线基站可按照功能划分为四大类，分别为宏基站、微基站、皮基站和飞基站。飞基站单载波发射功率（20MHz）在100mW以下，覆盖半径为10～20米，主要应用场景为家庭和企业；皮基站单载波发射功率为100mW～500mW，覆盖半径为20～50米，主要应用场景为室内公共场所，比如机场、火车站、购物中心等。就目前而言，这两类基站能够创造收益的时间节点还很遥远，因此当下所提及的基站主要是宏基站和微基站两类。微基站单载波发射功率为500mW～10W，覆盖半径为50～200米，应用场景主要是受限于占地无法部署宏基站的市区或农村；宏基站单载波发射功率在10W以上，覆盖半径超过200米，应用场景主要是城市等空间足够大的热点人流地区。

基站天线性能决定通话功能质量，是基站的重要组成部分。基站天线是基站设备与终端用户之间的信息能量转换器，主要用于发射或接收电磁波，把传输在线的射频信号换成可以在空间传播的电磁波。信号发出过程中，以射频信号经过基站天线转换为电磁波能量，并在预定的区域辐射出去。信号接收过程中，在收到由用户经调制后发出的电磁波能量后，由基站天线接收，并有效地转换为射频信号，传输至主设备。因此，基站天线性能的高低将直接决定移动通话功能的质素。整体来说，无论是基站还是移动终端，天线都是充当发射信号和接收信号的中介。

天线数量提升，5G使用较高频段，基站数量增加并带动基站天线需求量增长。移动通信从2G发展到4G的过程中，每一代制式的升级都伴随着频率的提升，由于低频的使用逐步饱和，于是从低频往高频段拓展。在覆盖相同面积条件下，高频段组网所需基站数更多，主要是频率越高、波长减小、传输距离越远，天线传输损耗则越大，接收到的信号功率显著减少，因此频段上移导致基站覆盖半径进一步缩减。三大运营商 2G 频谱位于 1GHz 附近，3G 频谱位于 2GHz～2.2GHz 区间，4G 频谱位于 2.6GHz。5G 频谱方面，根据工信部于 2018 年关于 5G 频谱的划分，5G 发展初期，三大运营商频谱主要集中在 3.5GHz。基站数量方面，目前，3G 的基站数量约 2G 的 4.5 倍，4G 的基站数量约 2G 的 9 倍。由于 5G 使用高频段（毫米波），单基站覆盖范围也进一步缩小，估算 5G 的基站数量约 4G 的 1.5 倍，因而所需基站天线数量也需同时增加。

国内的基站天线企业在全球市场已经占据重要份额，据统计，2011 年，中国前四大基站天线厂商（华为、京信、摩比、通宇）出货量在全球基站天线市场仅占据全球 20.5％的市场份额，其中华为 1.2％、京信 11.2％、摩比 4.9％，通宇 3.2％。到 2017 年，中国前四大基站天线厂商出货量在全球基站天线市场占据了全球 60％的市场份额，其中华为 32％、京信 13％、摩比 8％、通宇 7％。

在技术方面，国内基站天线厂商也已经拥有全球核心技术。2000 年以前，国内天线产业几乎 100％依靠进口；2001—2010 年为进口替代期，国内天线品牌本土市场占有率从 2002 年的 25％提升至 2006 年的 90％。2011 年以后，受运营商投资放缓的影响，天线行业在激烈的市场竞争中逐渐整合，国内厂商在全球基站发货量占比明显提高。据统计，2017年，全球宏基站天线发货量为453万台，中国企业在前十大天线厂商中占据半数，发货量占比超过60%。其中，华为的天线市场份额占比全球最高，达到32%，京信占13%，摩比占8%，通宇占7%。

下游产业

下游产业主要是应用，通过运营商、终端将5G应用在工业、通信、智能家居等场景。目前，我国5G技术通过与云计算、大数据、人工智能、虚拟现实等技术的融合，在车联网、智慧医疗等多个场景展开应用。另外，我国正在积极推动5G产业化，三大运营商及华为、中兴等企业加快布局其中。

2017年12月，5GNSA标准冻结，2018年3月MWC上市，华为和中兴便推出了满足NSA标准的5G端到端设备。从标准落地到发布相关产品，我国设备商仅用了三个月，产业化实力不言而喻。

华为作为国产手机领头羊，其5G核心技术的掌握与运用引起了国内外的广泛关注，在2019年11月21日的2019世界5G大会上，华为公司轮值董事长徐直军表示："华为在5G方面的研究和投入始于2009年，累计投入20亿美元研发资金。"付出必有回报，目前，由IPlytics（德国的一家专利数据公司，在全球的专利统计方面具有权威地位）最新统计数据可知，目前全球5GSEP（英文全称Standard Essential Patent，即标准必要专利）中，华为凭借高达3 325件申请量占据绝对制高点，三星以2 846件居第二，LG以2 463件排第三。同时，华为已在全球范围内获得超过60个5G商用合同，支持全球40多个国家建设了5G网络，5G基站发货总量达40余万。华为5G产品线总裁杨超斌表示，华为在5G方面比同行至少领先12个月到18个月，是全球最大的5G厂商。

中兴通讯是我国最大的通信设备上市公司，也是业界少数具备5G端到端解决方案能力的设备供应商之一，其5G解决方案具备面向业务的端到端切片能力、灵活的功能编排能力，以及按需的业务模块部署能力。截至2019年11月，中兴已经签订了35个5G商用合同，与全球60多家运营商展开5G深度合作。在核心产品和技术方面的领先，奠定了中兴在5G阵营中的领先地位，以及在国内市场的双寡头地位。

在三大运营商方面，中国移动在我国的普及率不言而喻，其在5G领域的努力也显而易见，比如在2018年世界移动大会上，中国移动正式公布将在杭州、上海、广州、苏州、武汉等5个城市开展5G外场测试，此外，还将在北京、成都、深圳等12个城市进行5G业务和应用示范。如今成效显著。比如，2019年10月31日，中国移动在北京、天津、上海、重庆等4

个直辖市，以及石家庄、雄安等46个城市正式开启5G商用，并出台5G商用套餐和服务等一系列举措。

中国联通在5G上也不甘示弱，据中国联通研究院5G研究室主任周晶介绍，在ToC（面向普通用户）端，联通目前已在国内47个城市加速5G战略布局，还将寻找有良好商业模式的ToB（面向企业）需求，按需滚动安排。随着5G商用，中国联通将与产业链共同推进5G智联新生态。而一系列5G合作也显示了中国联通在5G领域的不断进步，比如2019年11月7日，中国联通发布首个5G杀手级应用，27日，又与国际乒联中国大陆地区《中国体育》zhibo. tv合作签约，双方联合发布国内首个5G商用直播——“5G沃视频乒乓新视界”新视频直播产品。

中国电信在2018年表示，将在2018年年底前开始对兰州、成都、深圳、雄安、苏州、上海6个城市进行5G网络的测试。2019年3月前，将推出超过1 200台支持5G网络的设备。到2020年正式商用阶段，中国电信前期5G终端将会超过2 500万部。2019年11月29日，东方网力与中国电信四川分公司在2019中国信息通信大会上签署了“5G+安防”战略合作协议。这一协议也在一定程度上体现出中国电信在5G领域的拓展从未止步。

由此可见，无论是中国终端设备商还是中国运营商，都在以积极的态度投入中国的5G建设和产业创新，力求在5G产业中创造属于自己的优势。而运营商规模化建设5G网络，意味着整个产业链各个节点市场需求量的激增，HIS Markit（一家全球商业资讯服务的多元化供应商）预测，到2035年，5G价值链将创造3.5万亿美元的产出，2 200万个工作岗位，其中，中国实现的产出和就业机会将居全球第一。

中国5G产业缘何引领全球

关于中国5G技术水平到底在世界上处于一个什么位置的问题，不同的人有不同的看法。有人说中国的5G技术已经全球领先，也有人说这是自吹自擂，实际上与世界先进水平还存在很大差距。其实，要比较各个国家的5G技术水平，有三个客观标准可以参考，那就是国际技术标准、技术专利和工程能力。

国际技术标准

能够制定出被国际电信联盟认可的、全球电信企业都要遵循的国际技术标准，说明这家企业已经站在了行业的巅峰，对行业的发展能起到重要引领作用。2017年，在中国IMT-2020（5G）推进组的领导下，以中国移动为代表的中国企业在5G架构标准的制定中发挥了重要作用。中国移动担任报告人主导完成了 5G 系统架构，得到了全球超过 67 家合作伙伴的支持。中国企业由此开始牵头设计新一代移动网络架构，目前中国企业在 3GPP 中关于 5G 的提案已经占到 40%，中国专家在各个 5G 工作组中占据较大比重。

从获得通过的 5G 标准立项数量来看，中国移动 10 项，华为 8 项，爱立信 6 项，高通 5 项，日本 NTT DOCOMO 4 项，诺基亚 4 项，英特尔 4 项，三星 2 项，中兴 2 项，法国电信 1 项，德国电信 1 项，中国联通 1 项，西班牙电信 1 项，Esa 1 项。按国家或地区统计则是，中国 21 项，美国 9 项，欧洲 14 项，日本 4 项，韩国 2 项。这说明中国移动和华为站在了 5G 技术领域的巅峰。

技术专利

技术专利是技术水平的具体体现，在一定程度上可以说，拥有的技术专利越多，技术实力就越雄厚。当然，由于 5G 所涉及的技术种类和数量非常之多，有时候技术专利的总数量这一单一标准并不能充分体现一家企业或一个国家在 5G 领域的技术地位。而要考察未来该行业各方实力如何，标准必要专利能够给我们提供更好的判断依据。所谓标准必要专利（Standard Essential Patent，SEP），又称标准关键专利，指的是该行业在业务技术发展过程中不可替代的技术型专利，也就是说，只要发展这个行业中的这一项技术，就绕不过这项专利。

因此，业内有人戏称，只要拥有了足够多的标准必要专利，在5G时代，躺着就能把钱赚了。虽然话说得有点夸张，但道理确实如此。因为既然只要发展这个技术就必须使用这项专利，那么专利拥有者就可以对使用者收专利费。比如在3G时代，高通围绕着功率控制等技术，构建了CDMA专利墙。并且，高通更进一步地将CDMA算法嵌入集成电路，提供了一整套的SoC解决方案，而大多数手机厂商没有SoC整合的技术实力，所以只能采用高通的方案。在这种情况下，使用高通专利的手机厂商，必须先缴纳一笔授权费以取得专利使用权；在芯片或相关产品量产后，再根据出货量收取产品售价一定比例的费用，平均需要缴纳手机销售额5%～10%不等的权利金。后一笔收费显然不合理，手机所使用的屏幕、镜头以及其他零件或技术，实际上跟CDMA毫无关系，但也得根据销售额按比例给高通缴费，而且手机价格越高，这部分“无妄”之费也就越高。由此可见SEP在通信行业的重要地位，掌握了一部分SEP的企业，不仅可以持续收取数额巨大的专利授权费，而且可以以此作为交换，与其他拥有SEP的企业进行交叉授权，从而可以节省一大笔专利授权费。

这也是5G专利申请榜单备受瞩目的重要原因之一。根据德国专利数据公司IPlytics的最新统计，截至2019年11月，在5G专利申请数量上，华为以3 325件排名第一，紧随其后的是三星（2 846件）、LG电子（2 463件），诺基亚、中兴、爱立信、高通和英特尔则分列其后。不过，值得注意的是，IPlytics提到，截至11月，在获得通过的5G标准必要专利累计数量方面，三星以1 746件高居榜首，华为则以1 337件落后于诺基亚的1 683件、LG电子的1 548件，居第四位。其中可能的原因之一是，三星、诺基亚和LG电子早于华为开始了SEP的申请，所以累计数量占优。但最近两年它们的专利申请数量远不及华为，这在一定程度上意味着近几年它们在新技术的开发进度上落后于华为，因此可以推想，假以时日，随着以华为为代表的中国企业申请的专利逐渐获得通过，中国企业在5G标准必要专利上的话语权将逐渐提高。

工程能力

不管是技术标准还是技术专利，5G的价值最终是要体现在应用上的，而应用的爆发是需要由基站提供的5G网络服务支撑的，中国素来重视基础设施建设，全世界有500多万个4G基站，其中有近400万个在中国，单是中国移动一家就有超过200万个。

中国5G基站建设进度在当前也远超其他国家。2019年12

月 23 日，全国工业和信息化工作会议在京召开。会议指出，截至目前全国已经开通 5G 基站 12.6 万个，力争 2020 年底实现全国所有地级市覆盖 5G 网络。而在此前 11 月 21 日举办的世界 5G 大会上，工业和信息化部部长苗圩预计到年底 5G 基站数将达到 13 万个。

自 2019 年 6 月 6 日工业和信息化部发放 5G 商用牌照以来，各省市都在加紧 5G 建设，并出台了相关方案。目前，北京的 5G 建设走在了全国前列，截至 2019 年 12 月 16 日，北京市的 5G 基站建设总数量达到了 16 634 个，其中开通了 14 577 个。截至 2019 年 10 月中旬，上海市共计开通 11 859 个 5G 基站，并计划到 2021 年累计建设 3 万个 5G 基站。截至 2019 年 11 月 26 日，广州市已经建成 5G 基站超过 1.2 万个。截至 2019 年 12 月 19 日，深圳市开通了第 15 000 个 5G 基站。

相比之下，美国由于缺少华为、中兴这样的 5G 设备制造商，在 5G 基站建设方面显得动力不足。从规划来看，美国只规划了 5 万个 5G 基站，而据中国工业和信息化部透露，2020 年三大运营商新建 5G 基站数量将大大增加，初步估算至少为 68 万个，这会显著拉开与美国 5G 进展之间的差距。

一国的 5G 技术水平是决定该国 5G 产业发展水平的重要因素，甚至可以说起到基础性和关键性的作用，但 5G 产业发展水平却又不仅仅取决于 5G 技术水平。5G 作为一种基础性技术，具备广阔的应用空间，涉及庞大的产业链体系，而中国 5G 产业之所以必然能引领全球，一方面是因为有技术实力作为支撑，另一方面则是因为中国有深厚的产业化实力。

目前，5G 的竞争主要集中在中国与美国之间，因此在下文的分析中，我们将着重分析中美两国的差异。

1. 频谱分配

频谱资源是移动通信最核心的生产资源，中国在这方面早有规划。2017 年，工信部正式发布 5G 中频段规划，中国也成为第一个发布 5G 中频段规划的国家。2018 年，中国 5G 频谱资源分配方案正式发布，工信部为中国移动、中国联通和中国电信发放了全国范围内 5G 系统试验频率使用许可，这一许可保障了各基础电信运营企业在全国范围内开展 5G 系统组网试验所必须使用的频率资源，同时向产业界释放了明确信号，加快中国 5G 网络建设和普及，进一步推动中国 5G 产业链的成熟和发展，抢占 5G 在全球范围内的发展先机。

中国移动获得了 2 515MHz～2 675MHz、4 800MHz～4 900MHz共 260MHz 带宽，但其中 2 575MHz～2 635MHz 频段为重耕频段，需要先行退网才能用于 5G。中国联通获得了 3 500MHz～3 600MHz 共 100MHz 带宽。中国电信则获得了 3 400MHz～3 500MHz 共 100MHz 带宽。中国广播电视网络有限公司获得 5G 牌照，而且得到了 700MHz 的优良频段。

与美国等国家不一样，中国不是通过拍卖来进行频谱分配，而是通过监管机构与企业进行协商，进而规划出最合理的分配方案，最大限度地促进中国 5G 超高速网络的部署。实际上也是如此，三大运营商获得的频谱都非常符合自身的需求，而且成本也很低，这使得它们加速给用户部署 5G 的压力并不那么大。根据 GSMA（全球移动通信系统协会）的分析，要提供高质量的 5G 通信服务，至少要保证运营商有 80MHz～100MHz 的连续频谱资源，显然，中国三大运营商所分配到的频谱资源均不低于 100MHz。

而频谱拍卖会在很多时候都无法实现频谱资源的合理分配，而且成本极高，极大地拖慢了运营商们进行 5G 部署的步伐。比如，在 2019 年的德国频谱拍卖会上，德国电信以高达 21.7 亿欧元获得了 13 段频谱。但短缺而又高昂的频谱，不仅会推高运营商的成本，最终也会分摊到消费者身上。据悉，该笔资金可建超 5 万个通信基站。

美国的 5G 频谱分配采用的也是拍卖方式，2015 年 AWS-3 频谱拍卖，运营商支付了 440 亿美元，2017 年 600M 频段拍卖，运营商支付了约 200 亿美元。但更为重要的是，包括中国和欧盟在内，当前阶段普遍以 Sub-6GHz 为发展 5G 的主要频段，国内三大运营商不仅分配了 200MHz 的中频频谱，并且正在考虑重新分配 500MHz 频段，但美国的 Sub-6GHz 频段却因为历史原因被政府和军方占用，无法用于5G。虽然美国国防部也已计划腾退中低频段，但这一工作至少需要3～5年才能完成。为了不在5G竞争中落后，美国迫不得已启用了高频波段，直接采用28千兆赫，也就是采用毫米波频段。毫米波的好处是干扰更小，带宽也更大。国内通信专家、中国工程院院士邬贺铨认为，未来中国5G也要采用28千兆赫，但就目前而言，高频的5G网络技术并不成熟，而且高频段本身的覆盖面很有限。因此，根据业界的普遍观点，要真正做到5G网络的全覆盖，还是要靠中低频段。而美国强行上马高频段，只会大大拉低美国建设5G网络的速度与广度。据美国四大运营商之一AT&T的保守估计，美国要完成5G网络部署还需10年时间。

2. 基础设施

通信基础设施对5G部署的速度影响很大，而在这方面，美国远远落后于中国。据工信部数据，截至2018年底，中国共有4G基站372万个，而全世界的4G基站总数也就500万个左右，也就是说，中国的4G基站总数超过了全球所有其他国家的总和。目前，在关于5G组网方案的选择上，业内普遍认为要充分利用国内丰富的4G基站，进行NSA架构的部署，这样一来，5G的推进速度将大大加快。相比较之下，美国的4G基站数量不足30万个，还不到中国的十分之一。

作为国有企业，中国运营商承担了大量的社会责任，其中重要一项就是“村村通”的通信普遍服务。而美国运营商都是私有企业，都是以营利为目的，缺乏普遍服务的义务与积极性，所以无论广度还是深度，其通信基础设施建设都远远落后于中国。尽管美国联邦通信委员会（FCC）已经通过“乡村数字机遇基金”来提升运营商积极性，并出台相关政策推进基站建设，但是偏远地区的普遍服务，是一项需要多行业共同推进的，极其艰巨、复杂的系统工程，远非区区一个基金就能扭转，也远非短时间内就能够完成。

中国的“村村通”工程是全世界规模最大的农村改造项目，该项目从1998年开始，前后历时20年，围绕公路、电力、生活和饮用水、电话网、有线电视、互联网等多个领域全面推进，仅工程总投资就超过1万亿元人民币。各个领域的“村村通”，形成了多维度的相互促进拉动。比如，交通的村村通，促进了其他工程的村村通，而电力的村村通，又成为通信、电视和互联网村村通的重要前提。直到2018年1月，在国务院、工信部以及运营商和各级政府的推进下，我国全面实现了100%“村村通电话、乡乡能上网”的通信发展规划目标。[①]

而现在，美国如果没有其他基础设施领域的协同推进，仅仅在个别垂直行业施展力度有限的刺激手段，将很难带来规模

---

① 决战5G：美国为什么跑不赢中国？［EB/OL］．（2019－06－11）．https：//www.tmtpost.com/3999444.html.

性的实质改善。

中国的光纤入户已经达到了 90%以上，光纤速率高且信号稳定，是未来 5G 的首选传输信道。而美国相对来说地广人稀，华为公司创始人任正非曾表示，美国就是个“大农村”，他们的光纤入户率非常低，因此只能采用微波设备进行传输。与光纤相比，微波通信会受到气候和周围电磁环境的干扰，肯定不如光纤入户来得稳定，但这却是美国唯一可行的替代方式。时至今日，全球的微波行业早已全面萎缩，搞微波技术的企业越来越少，但华为却一直在研究高速微波技术。传统的微波速率是 50Mbps，而华为研发的 5G 微波速率可以达到 10Gbps，这种适合 5G 的超高速微波技术是华为的独门绝技。因此，如果美国想在本国全面部署 5G，可能最终还是要使用华为的设备。

此外，中国通过铁塔公司统谈、统签、统建，运营商平等接入，共建共享，最终构建起了一个技术多样、主体多元、模式创新的通信基础设施供给格局，进一步加快了 5G 建网的速度，降低了 5G 建网的成本。据官方数据，铁塔公司成立 4 年多来建成 220 多万个 4G 站址设施，新建铁塔共享率已提升到 75%。

目前，铁塔公司还拥有 195 万个自有存量站址，并统筹社会资源，在全国储备了超过 1 000 万个站址资源。这些资源未来都将全面服务于 5G 基站建设，乃至达成路灯、通信、交通、治安等众多公众智慧服务的集中部署。

企业和企业家是一线尖兵

随着5G发展进程的不断推进，企业与企业家在这一过程中发挥着至关重要的作用。不管是技术与产品的研发，还是市场营销与企业规模的扩大，企业与企业家始终是引领5G潮流的排头兵。

专利分析公司IPlytics曾经发布一份数据称，截至2019年3月，在全球5G专利申请数量中，中国占34%，位居各国之首，此后紧随的是韩国，占25%，美国和芬兰各占14%，瑞典约8%，日本约5%。对此，《日本经济新闻》表示，该统计一定程度上反映了5G技术专利的申请现状，如果数据准确，意味着中国公司在5G技术方面的专利申请较4G有大幅提升。在4G技术领域，中国与韩国各持有全球约22%的专利，并列首位。

科技投资网站VentureBeat称，综合各方数据，华为应该是5G时代最大的专利持有者，目前该公司拥有全球15%以上的5G专利，芬兰的诺基亚紧随其后，占比约14%，美国通信巨头高通仅占约8%。不过，考虑到高通在3G和4G上的累积专利数，其市场领导地位短期内仍将得以维持。2019年1—3

月，高通从其用户身上收取的知识产权使用费达到 11.22 亿美元。

新专利授权有着不可估量的价值，如果中国确保持有大量5G 专利，其通信企业将获得不菲的专利收入，足以抵消因一些国家抵制而丧失的海外市场收入。《日本经济新闻》称，中国如果成功控制 5G 技术上游，则将进入“不卖产品也可赚钱”的阶段。在巨额研发费用和长期规划的支持下，中国在全球通信领域的存在感正在增强，除硬件设备外，在服务领域也有逐步超越美国、成为世界领导者的可能性。

通信专家项立刚曾对媒体表示，无论是自己使用以减少专利成本付出，还是和其他公司进行专利交换，掌握大量专利能让企业在市场上处于较好的位置。不过，“不卖产品也可赚钱的说法”有些夸张了，对中国科技企业来说，卖产品还是最重要的。

5G 技术在手机行业的应用，将极大地提高手机行业核心竞争力，加速产业链的整合升级，为用户提供更多高效体验。接下来，我们将介绍手机行业的基础性支撑——通信基站的发展状况以及手机企业的发展。

通信基站的发展

5G 对现有无线接入技术（包括 2G、3G、4G 和 Wi - Fi）

的技术演进，为拓展手机市场提供了基本保障。根据工信部发布的数据，截至2019年9月底，我国移动通信基站总数达808万个。

此外，根据机构预测，2019年基站天线市场规模可达138亿元，供应商方面，天线厂商主要包括通宇通讯、摩比发展、京信通信和华为，射频厂商为大富科技、武汉凡谷、春兴精工等。MIMO（Multiple-Input Multiple-Output）技术（指在发射端和接收端分别使用多个发射天线和接收天线，使信号通过发射端与接收端的多个天线传送和接收，从而改善通信质量）的完善和应用也将极大提高数据系统容量和传输速率。

华为、中兴的崛起之路

回顾手机行业的发展史，技术的变革对于其兴衰是颠覆性的。诺基亚与爱立信曾领跑2G时代。3G时代，由于诺基亚未重视智能手机，一度呈现颓势，当时中兴通讯依靠其技术专利以及研发投入稳健发力，成功抢占电信设备商的先机。凭借在CDMA技术上的先发优势，中兴几乎承包了所有电信合约机。到了4G时期，诺基亚、爱立信、阿朗等运营商收入大幅下滑，而华为、中兴运营商网络业务收入则连年上涨（见表2-1）。2013年，华为战胜爱立信成为全球最大通信设备商并在之后持续占据首位。

表 2—1　2010—2018 年设备商市场收入份额排名

	2010	2011	2012	2013	2014	2015	2016	2017	2018
No. 1	爱立信	爱立信	爱立信	华为	华为	华为	华为	华为	华为
No. 2	阿朗	华为	华为	爱立信	爱立信	爱立信	诺基亚	爱立信	诺基亚
No. 3	华为	阿朗	诺西	阿朗	阿朗	阿朗	爱立信	诺基亚	爱立信
No. 4	诺西	诺西	阿朗	诺西	诺基亚	中兴	中兴	中兴	中兴
No. 5	摩托罗拉	中兴	中兴	中兴	中兴	诺基亚	思科	思科	思科

资料来源：GlobalData，东吴证券研究所。

在 3G、4G 中厚积薄发的华为和中兴，终于在 5G 时代实现了领跑。

芯片技术方面，华为始终坚持“两条腿走路”战略，成立华为海思，进行数字家庭、通信以及无线终端领域的芯片研究。2018 年，华为超过 AMD 成为全球第五大无晶圆厂 IC 设计公司，营收达 75 亿美元。2019 年，华为推出了两款 5G 芯片——适用于 5G 信号基站的天罡和用于手机的 5G 外挂芯片巴龙 5000，在芯片领域全面开花。

应用场景开发方面，华为的《5G 时代十大应用场景白皮书》提出，研发方向为云 VR/AR、车联网、智能制造、智慧能源、无线医疗、无线家庭娱乐、联网无人机、社交网络、个人 AI 辅助和智慧城市十项内容。

2019 年 9 月 26 日，华为创始人任正非在华为总部坂田基地对话美国著名计算机科学家 Jerry Kaplan 和英国皇家工程院院士 Peter Cochrane，再次向全世界重申了华为开放、合作、欲携手世界共赢的决心。同时他也表示，6G 与 5G 的开发是并行的。

而在 2019 年 11 月，联通与中兴公司联名发表了《“5G+人工智能”融合发展与应用白皮书》，旨在将 AI 赋能于 5G 网络、5G 人工智能终端、5G 人工智能典型应用场景等，促进 5G 与人工智能的融合发展。

目前，我国以华为、中兴为代表的中国通信巨头已经在 5G 的竞争中占据有利位置，无论在技术标准、市场布局，还是新产品研发等方面，均已经处于优势地位。与此同时，大唐移动、三星等也在纷纷布局 5G，预计在已经到来的 5G 时代，全球设备商格局会从原来的“四大两小”演化成“三大三小”：华为、中兴、爱立信为“三大”，诺基亚、三星、大唐移动为“三小”。

未来中国智能手机出货量增长契机

2012—2018 年，受到全球智能手机市场逐步饱和以及我国经济增速放缓的影响，我国手机总体出货量呈现先上升后下降的趋势。2016 年，我国手机出货量达到 5.6 亿部，其中智能手机出货量达到 5.22 亿部，为近年来的最高值。2017 年，我国手机出货量下降，其中智能手机出货量下降 11.69%。2018 年，我国手机出货量进一步下滑，其中智能手机出货量下降至3.9亿部，同比降低15.40%，但是智能手机出货量仍高于2014年水平。根据中国信息通信研究院的数据，2019年全年，国内手机市场总体出货量3.89亿部，同比下降6.2%，其中2G手机1 613.1万部、3G手机5.8万部、4G手机3.59亿部，5G手机1 376.9万部。

未来，随着5G手机大面积上市，我国智能手机的出货量有望迎来新一轮增长。

第三章　5G 将驱动新一轮工业革命

人类社会的进步，取决于社会生产力的发展。农业革命、工业革命以及正在发生的信息革命之所以能够引发社会生产和生活方式的颠覆性变化，最根本的原因就是人类生存能力、人类体力和人类脑力得以拓展和增强，从而大大推动了社会生产力的发展。

当前，新一轮工业革命蓄势待发，主要特点就是，“重大颠覆性技术不断涌现，科技成果转化速度加快，产业组织形式和产业链条更具垄断性。世界各主要国家纷纷出台新的创新战略，加大投入，加强人才、专利、标准等战略性创新资源的争夺”[①]。物

① 习近平在省部级主要领导干部学习贯彻党的十八届五中全会精神专题研讨班上的讲话［EB/OL］.（2016－05－10）. http：//www.xinhuanet.com/politics/2016－05/10/c_128972667.htm.

质构造、宇宙演化等基础科学领域正在取得新进展，信息技术、生物技术、新能源技术、新材料技术等应用科学领域持续发生交叉融合，互联网+、分享经济、3D 打印、人工智能等新技术、新业态、新产业不断涌现，种种新变化都预示着，以科技革命和产业变革为主要特征的新一轮工业革命正在孕育之中，这轮革命将建立起更高级的生产力、生产方式和经济形态，将对人类社会产生更为深远的影响。

《零边际成本社会》一书的作者杰里米·里夫金认为，并不是每次技术变革都可以被称为新一轮工业革命，判断技术变革仅仅是一次技术升级还是一场即将引发颠覆性革命的浪潮，主要看它是否满足以下三点：第一，是否有新的传播通信技术；第二，是否有新的能源体系；第三，是否有新的交通物流模式。在这三个判断标准中，新的传播通信技术排在首位，因为它能改变人类沟通交流的方式，提高沟通效率，并能对人类社会的组织架构产生巨大影响。

作为新一代移动通信技术的 5G，正是驱动新一轮工业革命的核心技术。

万物互联的价值

所谓万物互联，就是 IoT，即 Internet of Things，全称是

“万物互联的互联网”，通常也被简称为物联网。其实，物联网并不是什么新词，早在20多年前的1995年，比尔·盖茨就在《未来之路》一书中提出了物联网的构想，他在书中表示，互联网仅仅实现了计算机的联网，而未实现与万事万物的联网。“与万事万物的联网”这个提法，是目前所能看到的关于物联网最早的构想。

但由于当时无线网络、硬件和传感设备的发展还很不成熟，比尔·盖茨关于物联网的想法根本无法落地，因此也就没有引起重视。然而，随着ICT（信息和通信技术）产业的迅速发展，物联网不再是一个仅仅停留在构想阶段的事物，人们看到了其走进千家万户的现实可能性。

物联网概念的正式提出，还得追溯到美国麻省理工学院的凯文·阿什顿教授。他将物联网定义为“一种基于互联网、传统电信网等信息载体，让所有能够被独立寻址的普通物理对象互联互通的网络”。

你可能想象不到，上述看起来专业性这么强的定义，其灵感来源，竟然是一只小小的唇膏。

凯文·阿什顿在大学毕业后加入了宝洁公司，他的工作职责是帮助公司建立玉兰油的产品线。当时，作为产品经理的凯文·阿什顿，观察到货架上的一排棕色的唇膏总是持续缺货，不能及时补上。他还以为是缺货呢，但等他来到仓库查看，却发现这款型号的唇膏实际上有大量的库存。也就是说，货架上唇膏缺货主要原因是补货不及时，而这又是由货架缺货信息没有及时传达到仓库端导致的。由此可以看出，仓储管理、物流和商品上架，本来应该紧密联系起来的三个关键环节，却被生生隔离开来。但这个问题的出现，与其笼统地说是因为管理不善，倒不如说是受当时技术水平所限，并没有一种可行的技术手段以较低的成本来将这三个环节联系起来。

正当此时，英国零售商开始试验会员卡制度，这种会员卡里面安装了一个小小的射频芯片，运用的是一种新的射频技术——无线射频识别技术（Radio Frequency Identification，RFID），这是一种非接触的自动识别技术。说起 RFID，就必须与条形码进行对比。条形码大家都非常熟悉了，如图 3－1 所示。条形码的信息存储和读取利用的是光学技术，条形码中条和空区域（即黑和白部分）对光线的反射率和反射强度是不一样的，扫描枪可以通过内置的光学传感器检测来自不同发射区域的反射光，从而检测黑与白的排序信息进行识别。所以不难想到，条形码在使用时往往需要贴在商品的外包装（一般是塑料袋或纸箱）上，以便于扫描枪对其进行扫描。

图 3-1　条形码

这样的话，其缺点就很明显了：首先是只有在条形码不被阻挡的情况下，扫描枪才能进行扫描；其次是条形码的载体往往是纸张，很容易受到污染，一旦其完整性被破坏，那么条形码也就失效了；最后就是条形码一旦印刷出来以后，就无法更改。以上种种缺点就决定了条形码的应用范围只能局限于极其有限的场景里，比如超市的货架，没办法打通从货架到仓库整个流程中的各个中间环节。

而 RFID 则可以很好地克服条形码存在的诸多缺点。目前，RFID 产品依据其电子标签的供电方式可分为三类（电子标签相当于条形码，阅读器相当于扫描枪）：无源 RFID、有源 RFID 以及半有源 RFID。在无源 RFID 中，电子标签接受射频识别阅读器传输的微波信号，通过自身的电磁线圈产生能量对自身短暂供电，从而完成一次信息交换。无源 RFID 产品结构简单，成本低廉，体积可以很小，一般用于近距离的接触式识别，比如公交卡、食堂饭卡等。而有源 RFID 通过外接电源供电，电子标签可以主动向射频识别阅读器发送信号，从而拥有了较远的传输距离和较高的传输速度，并且可以同时识别多个标签。半有源 RFID 则是上述两者的中和或者说相互妥协的产物，在通常情况下处于休眠状态，但是当电子标签进入射频识别阅读器的识别范围后，阅读器先以低频信号激活电子标签使之进入工作状态，再通过高频微波与其进行信息交换。

通过上述的简单介绍，我们可以发现，RFID 由于是依靠电磁波而不是光线反射来传输信息，所以它不需要电子标签和射频识别阅读器的直接物理接触就可以完成信息的传输，从而也就可以绕开塑料、纸张、木材等障碍物与包装物内部产品上的电子标签直接建立联系。以零售业为例，RFID 可以让厂商在整个供应链中追踪存货，不需要在视线范围内或手动扫描，就可以自动收集数据。比如，只要货物包装箱上贴有 RFID 标签，就可以让固定式、移动式或手持式读取设备自动读取标签上的信息，省下扫描每个条形码所需的时间与精力，进而降低成本与提升速度。

当时，一位制造商向凯文·阿什顿演示了这种 RFID 芯片是如何工作的，重点介绍了用户数据信息都存储在这张芯片上，并且能够无线传输，无需读卡器的特点。这给了凯文·阿什顿重要的启发：如果把这个芯片安装到唇膏里面，无线网络既然能够获取会员卡上的信息，那么同样可以获取唇膏包装盒上的信息，从而就可以告诉人们商品货架需要补上哪些商品了。

凯文·阿什顿经过研究发现，RFID 使电子标签变成零售商品的绝佳信息发射器，并能够由此变化出各种应用和管理方式，来实现供应链管理的透明化和自动化。

后来，在宝洁公司和吉列公司的赞助下，1999 年 10 月 1 日，凯文·阿什顿与 MIT（麻省理工学院）的教授 Sanjay Sarma、Sunny Siu 和研究员 David Brock 共同创立了一个 RFID 研究机构——自动识别中心，他本人出任中心的执行主任。凯文·阿什顿认为，电子产品代码（Electronic Product Code，EPC）网络将使机器能够感应到全球任何地方的人造物体，从而成为“物联网”真正的开始。

如果说凯文·阿什顿的定义——“一种基于互联网、传统电信网等信息载体，让所有能够被独立寻址的普通物理对象互联互通的网络”——还有几分抽象的话，那么时至今日，当物联网从理念层面的探讨走向技术层面的落实，其内涵也随着实践在不断发生着变化。

如今的物联网，一般来讲，可以分为三个层次：感知层、网络层和应用层。

感知层

感知层是物联网的皮肤和五官，主要功能是感知物体和采集数据。所谓物联网，就是要实现物与物的广泛连接，连接的第一步是要对物理世界的物体进行感知和识别，如果连智能物体的识别都无法实现，那万物互联根本就无从谈起。

物联网感知层由一个个感知设备构成，感知设备又被称为感知节点，广义上的感知设备包括了 RFID 芯片、GPS 接收设备、传感器、智能测控设备、条形码、二维码、雷达、摄像头、读卡器、红外感应元件等等，主要功能就是识别和感知物品的信息以及外部环境的信息，并将其传输至网络层进行处理。

在众多感知设备中，传感器最为典型。传感器是一种能够对当前状态进行识别的元器件，用于采集各类信息并转换为特定信号，这些信息包括：身份标识、运动状态、地理位置、姿态、压力、温度、湿度、光线、声音、气味等。

如今，我们日常使用的智能手机里就集成了多达数十种传感器，比如陀螺仪传感器。陀螺仪的原理是，一个旋转物体的旋转轴所指的方向不受外力影响时，是不会改变的。就像我们骑自行车，轮子转得越快越不容易倒，就是因为车轴在滚动时有一股保持水平的惯性。于是人们利用这个原理来保持物体的方向，然后用多种方法解读轴所指的方向，并自动将数据信号传输给控制系统。现代陀螺仪可以精确地确定运动物体的方位，在现代航空、航海、航天等国防工业中得到广泛使用。

而美国苹果公司联合创始人乔布斯创造性地将陀螺仪引进

了iPhone手机。虽然iPhone一代通过加速度传感器可以感知到手机的倾斜，但无法很好地计算手机的旋转角度。这样的话，在玩一些对角度控制要求较高的游戏时，比如赛车，用户就很难通过摇晃手机来灵敏地控制方向盘。但是加入陀螺仪后就不一样了，当时乔布斯在发布会现场演示了一个拆积木的游戏，通过手机旋转，可以从不同的角度去拆积木，极大提升了相关游戏的体验。

从那以后，智能手机里开始出现各种传感器，经不完全统计，已有陀螺仪、光线传感器、距离传感器、重力传感器、加速度传感器、磁（场）传感器、GPS、指纹传感器、霍尔传感器、气压传感器等10余种。随着运动和健康领域的发展，血氧传感器、心率传感器、紫外线传感器等也逐渐进入手机。

网络层

网络层是物联网的神经系统，主要功能是接入终端和传输数据，也即通过通信网络进行信息传输。网络层是连接感知层和应用层的纽带，由各种私有网络、互联网、有线和无线通信网等组成，负责将感知层获取的信息安全可靠地传输到应用层，进而根据不同的应用需求进行处理。

物联网的网络层是建立在现有的移动通信网和互联网基础之上的。在实际应用中，不同行业甚至同一行业的不同企业对物联网的通信需求是不一样的，比如，有需要宽带的，也有需要窄带的；有看重低功耗的，也有看重低时延的；有偏好上行带宽高的，有偏好下行带宽高的；有的同时需要公网和专网，而有的只需要专网，等等。

在如此多元化需求的驱动下，物联网的网络层就成了各种新技术争奇斗艳的大舞台。常见的无线网络通信技术主要有：Wi-Fi、NFC（近场通信技术）、ZigBee（一种低速短距离传输的无线网上协议）、Bluetooth（用于移动电话、计算机等电子设备的短距离无线连接技术）、WWAN（Wireless Wide Area Network，无线广域网，包括 GPRS、3G、4G、5G 等）、NB-IoT（窄带物联网）等，它们在组网、功耗、通信距离、安全性等方面各有差别，拥有不同的适用场景。目前，Wi-Fi、Bluetooth、WWAN 是物联网的主力，占所有应用的 95%以上。

Wi-Fi 的主要优点是连接速度快、持久、稳定，缺点是活动范围比较小，不适合随时携带和户外场景；Bluetooth 的主要优点是不依赖于外部网络、便携、功耗低，只要有手机和智能设备就可以实现走到哪连到哪，缺点是不能直连云端，传输速度比较慢，组网能力也比较差；ZigBee 的主要优点是低复杂度、可自组网、低功耗、低数据速率，网络节点数最大可多达 65 000 个，缺点是在实际应用中成本比较高，并且通信稳定性较差。

以上三种通信技术都属于短程通信。随着越来越多远距离低速率终端设备产生联网需求，低功耗广域网（Low Power Wide Area Network，LPWAN）技术逐渐受到业界的关注。LPWAN是一种低功耗的无线通信网络，与Wi-Fi、Bluetooth、ZigBee等无线连接技术相比，有更远的传输距离，前者可达几十公里，而后者一般只有几米到几十米；而与蜂窝技术（如GPRS、3G、4G等）相比，连接功耗更低。此外，LPWAN还具有低数据速率（占用宽带小、传输数据量少、通信频次低）、低成本等特性，非常适合用于抄表、资产追踪、环境监控等传输距离远、通信数据量少并且需电池长时间供电的物联网应用。

目前，使用广泛的LPWAN技术主要分为两类，一类工作于非授权频段，一类工作于授权频段。简单来说，工作于授权频段的通信技术，需要经过全球、全国统一制定标准，比如5G；而工作于非授权频段的通信技术，则无此限制，国内外的物联网创业者都可以自行发展自己的通信技术，比如上述Wi-Fi、Bluetooth和ZigBee都是工作于非授权频段的短程通信技术。

与短程通信相对的是广域通信，其中工作于非授权频段的通信技术以美国Semtech公司独家所有的LoRa（Long Range Radio，远距离无线电）为代表。从技术层面上说，用户不依靠运营商就可以完成LoRa网络的部署，具有明显的“轻量化”

建设优势，不仅布设速度快，而且成本也比较低。此外，多样化的应用场景也是LoRa的重要优势之一，LoRa技术可以在智慧城市、智能水电表、智能停车场和企业专用应用中实现快速灵活部署，因而一直以来备受政企行业用户的青睐。

而工作于授权频段的广域通信技术，则以NB－IoT（Narrow Band Internet of Things，窄带物联网）和eMTC（enhanced Machine－Type Communication，增强型机器类通信）为代表，这两者都是3GPP专门针对物联网业务涉及的窄带移动物联网技术标准，由运营商进行建设和维护，其在传输速率、移动性支持和可靠性等方面相对非授权频段的LoRa具有一定的优势。

NB－IoT与eMTC是蜂窝物联网的两种制式，既有竞争关系，也有合作关系。从技术层面来看，在峰值速率方面，NB－IoT仅为200Kbps，而eMTC能够达到1Mbps；在移动性方面，NB－IoT由于无法实现自动的小区切换，因此几乎不具备移动性，而eMTC则表现得更好；在语音方面，NB－IoT不支持语音传输，而eMTC是支持的；在覆盖范围方面，NB－IoT覆盖半径比eMTC大30%左右。

从以上技术层面的分析中不难看出，二者的区别恰恰为二者的合作提供了广阔的空间。NB－IoT在覆盖、功耗、成本、连接数等方面性能占优，因而在追求更低成本、更广深覆盖和长续航的静态场景中成为了首选，而eMTC在峰值速率、移动性和语音能力等方面性能占优，因而更适宜于有语音通话、高带宽速率以及移动性需求的场景。

应用层

物联网感知层的主要功能是，对物理世界进行智能感知识别、信息采集处理和自动控制，并通过通信模块将物理实体连接到网络层和应用层；网络层则主要实现信息的传递、路由和控制，包括延伸网、接入网和核心网；而应用层则包括应用基础设施/中间件和各种物联网应用，应用基础设施/中间件为物联网应用提供信息处理、计算等通用基础服务设施、能力及资源调用接口，以此为基础实现物联网在众多领域的各种应用。

实际上，发展物联网的根本目标就是提供丰富的应用，将物联网技术与个人、家庭和行业信息化需求相结合，实现广泛智能化应用的解决方案。不管是感知层的采集数据还是网络层的传输数据，最终都是为具体的应用服务的。从某种意义上说，物联网应用层可以说是物联网与用户的接口，它将感知和传输来的信息进行分析和处理，实现物联网的智能应用，解决信息处理和人机交互的问题。

应用层具体来讲可以分为两个子层，一是应用程序层，一是终端设备层。前者以中间件技术为代表，后者以M2M技术为代表。一般来说，除了操作系统、数据库和直接面向用户的客户端软件以外，凡是能批量生产、高度复用的软件都算是中间件。物联网中间件是业务应用程序和底层数据获取设备之间的桥梁，它封装 RFID 读写器管理、数据管理、事件管理等通用功能，实现软件复用。以物联网 RFID 项目为例，在初次开发过程中，中间件可以直接完成 RFID 数据的传输和导入，而不需要再开发程序代码，这样就大大提高了项目开发的效率，大大缩短了整体研发周期；在项目运行过程中，由于有了中间件的帮助，物联网的配置操作也会更加灵活多变，当业务需求和信息管理的实际情况发生变化时，项目组根据这些变化修改中间件的相关参数，就可以将 RFID 数据传输到物联网信息系统。

M2M 的英文全称是 Machine to Machine，即机器对机器，是物联网的基础技术之一。简单来说，M2M 的核心功能是实现机器终端之间的智能化信息交互，而这也是人们对物联网的印象中最直观的部分，其具体应用领域可以包括以下几大类：一是监控型，比如物流监控、污染监控、灾害监控等；二是查询型，比如智能检索、远程抄表等；三是控制型，比如智能交通、智能家居、路灯控制、远程医疗等；四是扫描型，比如手机钱包、高速公路不停车收费等。

我们都知道，5G 作为第五代移动通信技术，与 4G 相比在各项性能指标上都将取得重大突破。首先是网速，5G传输峰值速率可以达到10Gbps，而4G仅为150Mbps左右，实现了近两个数量级的突破；其次是设备连接数密度，5G支持每平方公里100万的连接数密度，而4G这一数据仅为2 000；最后是网络时延，5G网络的时延可以低至1ms左右，而4G网络的时延最低也有20ms左右。基于上述核心性能指标的突破，5G网络不仅能够实现更广泛的人与人之间的连接，而且还能进一步为人与物、物与物的连接打下基础。在某种意义上可以说，5G是为物联网量身打造的。

5G要给人们的生活带来便利是需要载体的，而物联网正是可以让5G大放异彩的舞台。5G的威力和魅力在很大程度上就体现在一个个具体的物联网应用中，比如智慧物流、智慧交通、智慧安防、智慧能源环保、智慧医疗、智慧建筑、智慧家居、智慧零售、智慧农业等。以上这些物联网的典型应用，在5G到来之前，很难想象它们会成为现实。而且，这些应用往往都属于不同的行业，运营商一般都是通过公网去满足不同行业的物联网需求。随着行业的不断发展，不同行业的需求也越来越多样化，甚至同一个行业内的不同企业对通信网络的需求也会存在差异，而传统公网所提供的通信网络服务是同质的，受制于技术和建设成本，企业很难跟运营商合作来定制通信网络服务，从而限制了企业物联网应用的进一步发展。

但是 5G 的到来使得运营商为行业的具体物联网应用提供专属网络服务成为了可能。也就是说，运营商可以通过分析行业应用的需求，按需灵活选择无线专网建设方案、网络架构方案和增强业务方案，推出符合企业需求的定制化、差异化的专属网络服务，进而满足垂直行业的需求。

比如智慧工厂。当前，在传统工厂向智慧工厂转型的过程中，物联网技术在连接人、机器和设备中扮演着关键角色，不少大型工厂已经实现了以闭环控制为核心技术的自动化功能，但闭环控制要求低于毫秒级的通信时延，这是 4G 通信技术所难以满足的。而 5G 通信技术的低时延可以低至 0.5ms，使得闭环控制应用由无线连接成为了可能。

比如智慧能源环保。这属于智慧城市的一个部分，其物联网应用主要在水电气、路灯等能源装置以及井盖、垃圾桶等环保装置。智慧井盖要实时监测水位，智能水电表要实现远程抄表等，这些功能的实现在技术上也许并不复杂，对网络的带宽、时延也没有很高的要求，但由于设备数量很多而且是全天候地工作，此时低功耗的重要性就体现出来，这也是 5G 与物联网融合所带来的红利之一。

再比如车联网。相对于智慧工厂和智慧能源环保，车联网可能要更复杂一些。在 V2X 车路协同体系中，涉及车车交互、车路交互、人车交互、车云交互以及车辆与移动监控设备的信号协同等，在这种物联网应用场景中，不仅要求网络的高速率、低时延，而且对不同网络的兼容性提出了考验，比如车与车载设备的网络通信、车与路上设备的网络通信等等，这些网络通信需求不是一个简单的公网所能满足的，这需要以5G技术为基础，为每个通信环节设计出专属的网络解决方案。

总的来说，物联网与5G技术是相辅相成的，物联网技术的发展推动了5G技术的日益成熟，而5G技术的应用则为物联网的发展提供了广阔的前景。甚至有观点认为，物联网与5G实际上是同一个事物的两个方面，只不过前者强调连接的广泛性，而后者强调连接的高速率。不管怎么说，智慧电网、智慧城市等物联网应用正在作为先导带动着整个5G互联网应用的喷发，而各种基于5G技术的物联网解决方案也正在促进物联网应用更好地发展，两者相辅相成，推动人类社会快速进入万物互联的时代。

5G引爆大数据核聚变

近些年来，随着计算机、物联网等信息化技术的快速发展，数据规模呈爆炸式增长。早在2011年，国际数据公司（International Data Corporation，IDC）发布分析报告称，当年全球数据总量为1.8ZB，此后全球数据总量每过两年就会增长一倍，这意味着人类最近两年产生的数据量相当于之前产生的全部数据量。同时，该报告还预测，到 2020 年，全球将共拥有 35ZB 的数据量。这是个什么概念呢？先来复习一下几个存储单位之间的关系：1GB＝1024MB，1TB＝1024GB，1PB＝1024TB，1EB＝1024PB，1ZB＝1024EB。所以，1ZB 约等于 1024 的 4 次方 GB，1024 的 4 次方约等于 1 万亿。更直观一点说，如果将 1ZB 的文件往 1TB 的硬盘里装，大概需要 10 亿块这样的硬盘，连起来足够围绕地球两圈半，总重量大概是 50 万吨。

然而事情的发展证明 IDC 当年的预测还是过于保守了，其在 2018 年发布报告称，全球数据总量预计 2020 年达到 44ZB，在 35ZB 的基础上足足上调了 25%。

其实早在 2008 年 9 月，《自然》杂志就推出了“Big Data”专刊，关注处理正在产生的洪水般的大量数据；随后《科学》杂志也于 2011 年 2 月推出了“Dealing with Data”专刊，指出了大数据带来的挑战与机遇并存。4 个月后，麦肯锡公司在其发布的大数据报告中指出“大数据时代已经到来”，并详细分析了大数据的影响、关键技术和应用领域等。此后，大数据在全球范围内受到越来越多的关注，比如 2012 年 1 月的达沃斯世界经济论坛专门发布了大数据报告《大数据，大影响：国际发展的新可能》（Big Data，big impact：New possibilities for international development），指出数据已经成为一种新的经济资产类别，就像货币或黄金一样；2012年3月，奥巴马政府推出了“大数据研究和发展倡议”（Big Data research and development initiative），这标志着大数据研究和发展已经成为国家的发展战略；2012年5月，联合国启动“全球脉动”（Global Pulse）计划，并发布《大数据开发：机遇与挑战》（Big Data for Development：Challenges & Opportunities）报告，阐述了各国特别是发展中国家在运用大数据促进社会发展方面所面临的历史机遇和挑战，并为正确运用大数据提出了策略建议。

尽管不少机构都宣称我们已经进入了大数据时代，但人们在如何定义这个新生事物时却遇到了困难。由于大数据是相对概念，因此目前的定义都是对大数据的定性描述，并未明确定量指标。比如维基百科指出，大数据是指利用常用软件工具捕获、管理和处理数据所耗时间超过可容忍时间限制的数据集；麦肯锡认为，大数据是数据规模超出传统数据库管理软件的获取、存储、管理以及分析能力的数据集；高德纳咨询公司（Gartner）则认为，大数据是需要新处理模式才能增强决策力、洞察发现力和流程优化能力的海量、高增长率和多样化的信息资产。

尽管上述定义并不完全相同，但所传达的核心信息基本一致，即大数据归根结底是一种与传统数据集相比规模更大的数据集，其价值并不体现在数据本身，而是体现在通过新的数据处理和分析方法从中获取的“大决策”“大知识”“大问题”等。[1] 目前，对大数据特性的各种描述中，“6V”是被广为接受的一种，即 Volume（规模性，指数据量大）、Velocity（高速性，指数据分析和处理速度快）、Variety（多样性，指数据类型多样）、Value（价值稀疏性，即数据知识密度低）、Veracity（真实性，指数据反映客观事实）以及 Variability（易变性，指大数据具有多层结构）。当然，对大数据特性的描述一直处于演化过程中，以上 6V 只是目前接受度比较广的一种描述。

大数据时代，人们的思维需要做出哪些转变

1. 样本即总体

在很长一段时间里，我们都没有对大量数据进行记录、储存和分析的能力，于是发展出了非常丰富的从有限数据样本中推断整体特征的分析方法，统计学中关于随机抽样、统计推断等内容的研究蔚为大观。这种方法在日常生活中也被广泛应用，比如收视率的调查。

收视率指的是某一时段内收看某一节目的人数占电视观众总人数的百分比，传统的收视率调查采用的是日记卡法，在采样方法上，调查公司会在不同地区选取一定数量的有电视家庭

---

① 彭宇，庞景月，刘大同，彭喜元．大数据：内涵、技术体系与展望［J］．电子测量与仪器学报，2015，29（4）：469－482.

人口，比如一线城市5 000个采样家庭，二线城市3 000个，三线城市500～1 000个。数据采集一般是以15分钟为一个单位，根据使用者的回忆来计算，数据处理会根据样本的性别、年龄段来乘以不同的权重取得相对准确的值。考虑一种最简单的情形，比如说，某节目总时长10分钟，样本总数是3，这三位观众在这10分钟内收看该节目的时长分别为1分钟、2分钟、3分钟，那么该节目的收视率就是（1＋2＋3）/（10×3）＝0.2。显然，这是一种典型的以样本估计总体的分析方法。

随着机顶盒的普及，所有使用机顶盒用户的节目收看情况都是可以被统计的，也就是说，调查公司不必再费心费力选取样本（采样家庭），然后通过让被调查人主动回忆自己的节目收看情况，进而推测总体收视率。在理想的情况下，如果所有电视用户都安装了机顶盒，那么最后汇总得到的样本数据就是总体。这个样本量的数量级，将从以前的几千、几万直接跃升至几百万甚至上千万。如果我们需要的只是收视率这一个宏观指标，那么毫无疑问，这样的大数据所能提供的信息将更为直接有效。

但其短板也是明显的，即丢失了用户属性。也就是说，从大数据中，我们看不到用户的性别、年龄、职业等具体信息，这就注定了这种大数据提供不了更多的有用信息，自然也得不到广告商的青睐。毕竟，广告商都希望自己投放的广告能够直达潜在用户，这样的话转化率就会大幅提高，进而提升产品或服务的销售。

与之形成鲜明对比的则是互联网公司。有点实力的互联网公司，其用户规模动辄百万、千万甚至上亿，平台上每时每刻都在产生海量数据。而且最关键的是，这些数据里包含着非常丰富的用户信息，根据用户的性别、年龄、职业、所在地区、消费行为、浏览偏好等信息对用户进行画像，进而实现精准营销，是现如今互联网公司的常规操作。

2. 从因果到相关

在大数据时代，从商业应用的角度来看，相关性分析的性价比往往比因果分析高得多。所谓相关关系，是指 2 个或 2 个以上变量取值之间在某种意义下所存在的规律，比如，鸡鸣和日出这两个现象常常相伴而生，因此我们可以说它们是存在相关关系的。而因果关系则要复杂得多，它所阐述的是两个现象之间的逻辑关系，简单来说就是谁的发生导致了谁的发生。而要验证一层关系，往往需要提出一种具体的影响机制，然后通过试验和数据进行验证。还是以上述鸡鸣和日出的关系为例，寓言里的主角把鸡鸣当作日出的原因，而我们对它的批驳往往是说这犯了因果倒置谬误。也就是说，我们认为正确的关系应该是日出导致了鸡鸣。这看起来更有道理，但这个因果关系真的成立吗？可能还需要更具体的解释以及更详细的验证。

而在大数据时代，仅仅利用两种现象的相关关系就获得商业上的成功的例子数不胜数，最经典的莫过于啤酒与尿布的案例了。这个案例大概说的是，沃尔玛在对消费者购物行为进行分析的时候，发现男性顾客在购买婴儿尿布时，常常会顺便搭配几瓶啤酒来犒劳自己，于是尝试推出了将啤酒和尿布摆在一起的促销手段。没想到的是，这个举措居然使尿布和啤酒的销量都增加了。

如果要你从逻辑上分析男性购买婴儿尿布和购买啤酒这两种行为之间的关系，你的第一反应可能是，这两者能有什么因果关系呢？男性买婴儿尿布会导致他更喜欢喝啤酒，还是男性买啤酒会让他更喜欢买婴儿尿布？这其中很难说有什么道理。但数据分析的结果是，二者存在很强的相关关系。也就是说，男性在购买婴儿尿布时往往会顺手购买几瓶啤酒，或者男性在购买啤酒时往往会想起来买几袋婴儿尿布，至于谁在先谁在后，或者谁是因谁是果，对于只关心销售额的商家来说根本不重要。

在大数据时代，从商业应用的角度来看，大数据分析的结果已经成为企业制定生产经营策略的重要参考。企业的核心目标是实现利润的增长，因此，企业在分析和挖掘数据中的核心任务是找出哪些经营策略与利润增长具有更强的相关性，至于这些经营策略为什么能使得利润增长，两者之间因果关系怎样，并不是企业特别关心的问题。也就是说，企业分析和挖掘大数据遵从的是“从数据到价值”的商业范式，而不是“从数据到信息再到知识”的科学范式。

因此，利用大数据进行相关分析便成了大数据分析和挖掘的核心科学问题与关键应用技术。

5G 会给大数据带来什么

首先是数据量会急剧膨胀。5G 通过提升连接速率（相对于 4G 提升 100 倍）和降低时延（ms 级），在单位时间内创造的数据量将几何级增加，比如从计费话单的角度看，如果维持 50M 一条记录的存储模式，则计费话单条数在单位时间内会提升 100 倍。5G 使得单位面积的联网设备数量可以达到 4G 的 100 倍，海量物联网的感知层将产生海量的数据，这都将极大地驱动数据量的增长，而物联网也刺激了大数据的发展，所有通信基础设施的强大，都在为大数据崛起铺平道路。在可预见的未来，全球数据量将以每两年翻一番的速度增长。到 2020 年，全球的数据量将达到 40ZB。随着数据量的增加，大数据系统需要采集的数据源将大大增加，需要处理的数据量也将成倍增长。

其次是数据的维度进一步丰富。4G 时代仍然以人与人的连接为主，5G 时代带来的物联网发展，使得人和物、物和物之间的连接产生的数据类型将会更多，比如物联网使得数据采集的渠道爆发性增长，无论是联网汽车、可穿戴设备、智能电视、无人机还是机器人等等都是采集数据的渠道。从连接的内容看，5G催生的车联网、智能制造、智慧能源、无线医疗、无线家庭娱乐、无人机等新型应用将创造新的丰富的数据维度，AR、VR、视频等非结构化数据的比例也将进一步提升。①

最后是对平台的要求大幅提升。5G时代，随着数据体量、种类和形式的爆发增长，物联网、人工智能等领域的创新应用将井喷式涌现，很难有哪一种单一的计算平台可以有效应对如此复杂、多样、海量的数据采集、处理的挑战，混搭式的大数据处理平台的发展趋势越加明显。海量、低时延、非结构化的数据特点将进一步促进数据处理和分析技术的进步，推动流式处理技术的发展将会是一个明显的变化，如果不对海量的非结构化上网日志数据进行流式预处理，对离线存储的数据进行再处理成本就会很高。5G通信网络中有数量众多的终端和传感器，加上边缘计算技术的引入，导致端点和边缘承担的作用愈加关键，数据在这些位置交付，为实时决策、个性化服务或延迟敏感的行动提供参考。

随着移动互联网的发展，任何OTT（互联网向用户提供各种应用服务）业务面向的客户均为全网客户，不再有地域间区隔，因此，外部大数据客户对于大数据平台的需求也是全网的。

---

① 傅一平．大数据在5G时代会有什么不同？[EB/OL]．(2019－07－01)．https：//www.sohu.com/a/324148139_120054107.

而诸如车联网、5G 切片等业务类型，由于其终端用户会在全国范围移动，要求使用相同的网络环境并得到相同的业务体验，这就要求无论从核心节点、分布节点还是边缘节点接入大数据平台，都能有权限访问全网业务及客户数据。因此，5G 时代，企业大数据平台向外部大数据客户提供“一点接入、全网服务”的能力显得尤为重要。

5G 助推人工智能升级

1956 年的夏天，在美国达特茅斯人工智能研究会议上，约翰·麦卡锡、马文·明斯基、纳撒尼尔·罗切斯特和克劳德·香农以及其他 6 位科学家，共同探讨了当时计算机科学领域尚未解决的问题，第一次提出了人工智能的概念。不过，说起人工智能的早期发展，也许图灵测试更加广为人知。

1950 年，英国数学家、逻辑学家图灵发表了一篇名为《机器能思考吗》的论文，这篇论文注意到“智能”这一概念难以确切定义，从而提出了著名的图灵测试：如果一台机器能够与人类展开对话（通过电传设备）而不能被辨别出其机器身份，那么就可以称这台机器具有智能。也正是由于这篇文章，图灵被称为“人工智能之父”。

尽管图灵提出了关于智能的开创性的论述，然而当时的软硬件发展水平还远不足以支撑更为复杂的研究，研究者们只能着眼于一些特定领域的具体问题，来简单模拟人类大脑运行的情形。总的来说，从20世纪50年代到70年代，人工智能研究处于“推理期”，基于逻辑表示的符号主义学习技术十分盛行，那时人工智能的代表性成果是机器定理证明、西洋跳棋程序、积木机器人等。但进入70年代以后，人工智能在定理证明上的发展陷入停滞，而一度被看好的神经网络技术却由于各种问题而无法进一步推动人工智能发展，这些问题包括：过于依赖算力和经验数据量、单层线性神经网络无法解决“异或”等非线性问题以及多层网络的训练算法看不到希望等。

20世纪70年代到90年代这段时间，人工智能进入“知识期”。研究者们提出了很多的专家系统，在应用层面取得了很丰硕的成果，但专家系统也很快遇到了发展的瓶颈，人们开始意识到，由人来教给机器知识不是真正的人工智能，而这种方式也大大限制了人工智能的想象空间。就在这个时候，“从样例中学习”的思想开始崭露头角。20世纪90年代以后，支持向量机方法（Support Vector Machine）问世，统计学习开始成为人工智能领域的主流思想，这个阶段最具典型性的事件是IBM生产的超级国际象棋电脑“深蓝”战胜了世界冠军卡斯帕罗夫。1996年，“深蓝”首次对阵卡斯帕罗夫，结果以2∶4落败。仅仅一年以后，经过改良的“深蓝”再次迎战卡斯帕罗夫，“深蓝”这次没有再给后者机会，以 3.5∶2.5（2 胜 1 负 3 平）取得胜利。

21 世纪初，以 2006 年欣顿在《自然》杂志上发表的论文为起点，神经网络以“深度学习”之名重新回到人工智能领域，而这次，云计算、大数据等计算机领域兴起的新技术大大提升了算力，同时互联网所产生的数量庞大且极其丰富的数据源，就像是神经网络的粮食又像是肥沃的土壤，滋养了神经网络的快速成长，同时深度学习也在语音识别、图像识别等领域取得了举世瞩目的成就。2016 年，谷歌的 AlphaGo 以 4∶1 的大比分战胜了围棋世界冠军、职业九段棋手李世石，再次掀起了人工智能热潮，而 AlphaGo 也被视为新一代人工智能的代表成果。①

尽管这几年伴随着 5G 时代的到来，人工智能的发展迎来了一个新的高潮，关于人工智能的研究也越来越多，但至今还没有一个准确、全面而权威的定义。一般认为，人工智能是研究、开发用于模拟、延伸和扩展人的智能的理论、方法、技术及应用系统的一门新的技术科学。

5G 赋能人工智能

人工智能的核心是机器学习，目前有四种学习策略，分别

① 李正茂，等. 5G+：5G 如何改变社会［M］. 北京：中信出版社，2019.

是监督学习、无监督学习、半监督学习和强化学习。监督学习（supervised learning）的主要内容是从给定的训练数据集中学习出一个函数（模型参数），当新的数据到来时，可以根据这个函数预测结果。监督学习的训练集要求包括输入输出，也即特征和目标。由于监督学习有标注的先验知识，通常具有较好的准确性表现。而在无监督学习中，输入数据没有被标记，也没有确定的结果。不像监督学习的目标是让计算机学习我们已经创建好的分类系统（模型），无监督学习的目标不是告诉计算机怎么做，而是让它自己学习怎样做事情。在无监督学习中，样本数据类别未知，于是就无法预先知道样本的标签，没有训练样本对应的类别，因为算法就只能从原先没有样本标签的样本集开始学习分类器设计。所以，无监督学习应用很广泛，但是准确性往往要低于监督学习。半监督学习则介于上述两者之间，其用来学习的样本数据部分进行了标注。而强化学习则是通过“试错”的方式进行学习，与前面三种都有所不同。[①]

不难发现，人工智能的关键就在于如何训练算法，使其根据数据计算出来的结果尽可能准确。在大数据那节我们已经介绍过，5G 的到来使得数据量空前庞大，而且数据的维度和价值都大大增加，这就为机器学习，或者说人工智能提供了丰富的

① 腾讯研究院，等. 人工智能：国家人工智能战略行动抓手 [M]. 北京：中国人民大学出版社，2017.

食粮。每一代通信技术的发展都会催生大量全新的应用，比如4G 网络催生出众多移动互联网应用，5G 也会催生出更丰富、更加超乎想象的全新应用。5G 的大带宽、低时延、大连接的特性，以及云化、虚拟化技术的广泛应用，将有效帮助人工智能技术解决目前的规模推广中面临的用户端设备成本高、数据获取难度大、数据质量参差不齐等问题，从而促进人工智能技术的大规模、普适性发展及应用落地。

1. 自动驾驶

自动驾驶是汽车产业与人工智能、物联网等新一代信息技术深度融合的产物，是当前全球汽车与交通出行领域智能化和网联化发展的主要方向。人工智能技术的应用可有效缓解交通拥堵、降低交通事故率，构建安全、高效的出行模式。

自动驾驶汽车可以简单理解为“站在四个轮子上的机器人”，利用传感器、摄像头、雷达等器件感知环境，使用 GPS 和高精度地图进行自身的精确定位，从云端数据库接收交通信息，由处理器对收集到的各种数据进行处理，在人工智能的帮助下做出判断，然后把指令发给控制系统，进而实现加速、刹车、变道等各种操作。

很显然，自动驾驶汽车的关键之一就是要让汽车足够智能化，能够根据当前的路况等各种信息做出判断，然后传出指令。自动驾驶必须有足够的冗余性和突发情况应对措施，才能确保安全，这就对信息传达的即时性要求很高，否则，汽车处理器做出的判断依据的是10秒前的信息，而此刻汽车已经在原来位置的百米开外了，如果此时汽车还执行这个指令，那后果简直难以想象。

在这种情况下，5G低时延、大连接的重要性就凸显出来了。目前，业界采用构建车车协同、车网协同、车路协同的方式去实现整个自动驾驶体系，而5G网络中的V2X技术正好是针对自动驾驶中的车车协同、车路协同的特殊通信需求，提供了定制化网络链接服务，可以有效解决自动驾驶在商用过程中的高成本、环境协同控制等问题，引爆了自动驾驶的规模效应。

2. 智能机器人

机器人很早就出现在人类的科幻作品中，而且可以说是常客。如今，随着计算机、微电子等信息技术的快速发展，机器人的开发速度越来越快，智能化程度不断提高，应用范围不断拓展。机器人的智能水平体现了现在的人工智能化水平，它的发展应用是“5G+AI”的一次典型结合。

家庭清洁机器人、巡逻型机器人、迎宾机器人等垂直功能型机器人的运行环境、服务内容相对单一或固定，智能化水平有限，因此通常仅依赖单机能力和有限的网络连接即可满足其感知、计算能力要求，进而实现既定功能。而生活服务型机器人由于需要在更多样化的人类日常生活环境中代替或部分代替人类完成琐碎的工作，为人类提供生理活动及心理关怀服务，因此对于其智能化水平在部分领域提出了接近人类的要求。

人类大脑有超过1 000亿个神经元，重量在1 500克左右，耗能40w。人脑的特点是重量轻、能耗低、运行慢。如果用电子元件制造机器人大脑，在同等数量和规模的神经元和连接数的情况下，重量将达到2 000吨，能耗也要达到人脑的100万倍。也就是说，电子大脑的特点是重量大、能耗高。显然，机器人是没有办法背着2 000吨重的服务器的，因此，必须把机器人的大脑置于云端，使其成为云服务机器人。①

而云端大脑加单机感知、执行机构的架构，则意味着每个服务机器人都必须与云端保持高频度、低时延、高可靠及安全的通信网络连接。现有的4G网络虽然能在少部分场景下满足云服务机器人的网络连接需求，但其在带宽、时延等方面仍然会给云服务机器人的一些基本应用功能带来较大限制，进而大大影响云服务机器人的产业化和规模化发展。而5G网络大带宽、低时延的特性，正好匹配云服务机器人的网络连接需求，因此能够大大促进云服务机器人的商用。在成本可控的前提下，优质可靠的通信网络保障云服务机器人的业务质量和用户体验

---

① 当5G遇到人工智能机器人 产业变革前夕你确定自己安全吗［EB/OL］.(2018-12-26). http://www.sohu.com/a/284635210_99995955.

不断提升，从而引爆其规模化增长。

不过，尽管人工智能在5G时代发展前景十分广阔，但也可能存在一些风险，比如数据安全和数据质量。

数据安全是人工智能发展的瓶颈。数据安全是人工智能技术发展过程中普遍存在的问题，各国政府和相关学者对此高度重视。数据和信息安全所存在的风险，也会对个人隐私、生产安全、社会稳定、国家安全等造成重大影响。人工智能技术涉及大量的信息自动化搜集、处理乃至控制，人工智能时代的信息安全和数据安全问题更为突出。如何构建安全可靠的数据环境，是发展高效高质量人工智能技术的根本保障。保障数据安全，是构建人工智能和谐稳定发展的基石，是实现技术突破的关键。

数据质量也是影响人工智能效果的关键问题。数据分析是人工智能技术的核心，人工智能需要不断获取新的数据、进行持续且深度的学习，“越用越灵”可以说是人工智能发展的关键，糟糕的数据对于人工智能来说是个大问题，可能带来反向的分析结果，因此数据质量是数据分析结果可靠性的基础。如何取得高质量的数据信息，也是人工智能发展面临的挑战。同时，黑客也可能利用人工智能技术的缺陷产生虚假的、具有目的导向性的数据信息，破坏人工智能系统的正常运行。

各国在人工智能领域的布局

世界主要大国在人工智能领域纷纷出台国家战略，加快顶层设计，抢抓人工智能时代的主导权。

美国全方位战略布局捍卫领先地位。2016 年 10 月，美国白宫发布《国家人工智能研究和发展战略计划》，成为全球首份国家层面的 AI 发展战略计划。该计划旨在运用联邦基金的资助不断深化对 AI 的认识和研究，从而使得该技术为社会提供更加积极的影响，减少其消极影响。美国总统特朗普在 2019 年 2 月的国情咨文中强调要确保美国在人工智能领域等新兴技术发展方面的领导地位，并签署了《维护美国人工智能领导力的行政命令》，启动了“美国人工智能计划”，将人工智能研究和开发作为优先事项，维持和加速美国在人工智能领域的领导地位。

欧盟雄心勃勃强化各国协同加大人工智能投入。2013 年，欧盟提出为期十年的“人脑计划”，是目前全球范围内最重要的人类大脑研究项目，旨在通过计算机技术模拟大脑，建立全新的、革命性的生成、分析、整合、模拟数据的信息通信技术平台，以促进相应成果的应用性转化。此外，欧盟委员会与欧洲机器人协会合作完成了“SPARC”计划，这是世界上最大的民间资助机器人创新计划，欧盟试图以此保持和扩大欧洲的领导地位。2019 年 2 月，欧盟理事会审议通过《关于欧洲人工智能开发与使用的协同计划》，以促进欧盟成员国在增加投资、数据供给、人才培养和确保信任等四个关键领域的合作，使欧洲成为全球人工智能开发部署、伦理道德等领域的领导者。未来欧盟委员会还将在下一个欧盟 7 年预算期内，通过“数字欧洲计划”加大对人工智能的投入。

目前，中国在人工智能领域正从“跟跑”走向“领跑”。2017 年 7 月 20 日，国务院正式印发了《新一代人工智能发展规划》，从战略态势、总体要求、资源配置、立法、组织等各个层面阐述了我国人工智能发展规划，并提出三步走发展战略目标：到 2020 年，我国人工智能总体技术和应用与世界先进水平同步；到 2025 年，基础理论实现重大突破；到 2030 年，人工智能理论、技术与应用总体上均达到世界领先水平，我国将成为世界主要人工智能创新中心。2018 年 4 月，教育部出台《高等学校人工智能创新行动计划》，不断提高人工智能领域科技创新、人才培养和国际合作交流等能力，为推动人工智能发展提供智力支撑。①

① 腾讯研究院，等．人工智能：国家人工智能战略行动抓手［M］．北京：中国人民大学出版社，2017．

5G+区块链融合发展

区块链最初是由中本聪设计出来的一种独具特色的数据库技术，该技术是以密码学中的椭圆曲线数字签名算法为基础来实现去中心化的 P2P 系统设计。区块链刚出来的时候，人们都认为它只是比特币的一个技术基础而已，而随着区块链的逐渐成熟，其外延也越来越丰富，区块链的含义已经越来越多样，逐渐摆脱比特币的阴影，开始在数据结构、数据库等领域发挥重要的作用。

区块链作为一种分布式的系统，往往会被人们看作是一种分布式的账本，其具备 P2P 的网络框架，其网络及分支上面所记录的信息，具有不可篡改的特点，而且，因为去中心化结构的特性，其整体网络具备巨大的延展性，故在供应链、医疗、金融等领域都有广阔的发展。①

区块链的特征

区块链的具体特征主要有：

---

① 丹尼尔·德雷舍．区块链基础知识 25 讲［M］．北京：人民邮电出版社，2018.

1. 去中心化

大部分人对于去中心化的理解还停留在没有核心中枢，无法进行数据集中管理这个层面，而并没有理解去中心化的真正含义和内部运作理念。

去中心化让区块链具备开放性、不可篡改性、自治性和匿名性的特点，那么如何去更好地理解这些，著名计算机科学家莱斯利·兰伯特提出的拜占庭将军问题可以提供一个很形象的答案。

拜占庭帝国时期，出现了一个像“怪兽”一样强大的敌人，这个敌人可以以一己之力抵抗最多4支军队的进攻，拜占庭帝国为了维护国家安全，派出了9支军队来进攻。这9支军队将敌人包围在中间，他们之间需要通信兵传送命令，9个将军无法见面，因而他们无法确定9人中间是否会有被敌人策反的背叛者，因而命令的真实性是被怀疑的。

有人提出，解决这个问题的方法有两个，一个是口头解决，一个是书面解决。然而，最终结果是，无论口头解决还是书面解决，当背叛者多于三分之一时，都将无济于事，只有少于三分之一，这场战争拜占庭才能获胜。

这就成了一场死局。区块链则可以解决这个问题。拜占庭问题是一个典型的去中心化问题，区块链可以生成一份用来确认已经做过一定工作量的证明，在这个故事里就是证明某些将军已经做出了表达忠心的行为，而在现实中，这个证明的生成过程就是“挖矿”，当然，生成这个证明要有奖励，我们最熟悉的这个奖励就是比特币。

2. 公开透明

区块链所实现的公开透明，主要体现在以下三个方面：其一是数据同步的及时性，往往只需要很短的时间，数据就将被复制到所有区块中，每个节点都可以对数据进行追根溯源；其二是数据的开放性，除了个人隐私类被加密的数据以外，其他所有的数据、信息用户均可以通过公开接口进行访问，而且不会受到任何限制；其三是数据的可监督性，因为所有节点和非隐私数据均可以公开，那么任何用户都可以对数据信息进行审计和查证，共同监督主体的合法合规性。

区块链的这个特性已经得到了广泛的应用。比如我们熟悉的百度百科，借助区块链的公开透明优势，保证了百科历史版本的精准存留，同时也给了用户共同编辑词条的开放程度。

3. 智能合约

借用计算机科学家尼克·萨博给出的定义，智能合约就是一套以数字形式定义的承诺，包括合约参与方可以在上面执行这些承诺的协议。它实际上就是用数字表示的已经达成的承诺。当合同的基础不再是人为设定的，而是一个公允的数字承诺时，现代社会的很多合同纠纷都将得到合理的解决。当现实情况达到了合同所设定的要求时，相应的条款和必要行为，例如保险公司的理赔等都将在第一时间完成，任何人将无法阻止。这极大地提高了效率，同时也节省了谈判成本。

在说发展区块链的必要性和其开创性意义之前，我们需要先了解去中心化，实现点对点通信的意义。

去中心化让系统可以拥有更强的计算能力，因为它摆脱了中心超级计算机的计算瓶颈，成功地分散了计算压力；去中心化可以降低系统建设的成本，因为建设一个大型核心超级计算机的花费要比增加单个计算机节点要大得多；正因为去中心化、点对点的分散性特征，让该系统有了更高的容错率，某个节点出错，系统依然可以照常运行；除此之外，整个系统的可升级、可强化性也得到了增强，想要提升系统算力，只需要增加节点即可，而不必像现有系统一样重新花重金购置中心超级计算机。

去中心化、点对点通信有这么多的好处，然而却一直推进缓慢，根本原因就在于其有一些弊端依靠自身是无法克服的，而区块链技术则可以完美解决。

如果用一句话来概括区块链在其中的作用，那就是实现且保持去中心化系统的完备性。

什么是去中心化系统的完备性？如果去解释这个概念，可能又要再写一本书，这里我们通过解释究竟什么对去中心化系统的完备性构成了威胁，来帮助读者理解其含义。一般来说，这个威胁可以分为系统故障和恶意节点两个方面。

区块链是一种分布式的数据结构，因而即便某个节点出现故障，其计算能力也将迅速被周围节点替代，因而排除了系统故障这一威胁。而恶意节点威胁方面，区块链有一个得天独厚的优势，那就是其“账本”本身是不允许修改的，这就意味着即便将数据发到了一个不值得信任的环境，也依然不会造成什么严重的问题。

这就引出了另一个问题，如果这个账本无法修改，那它还有什么意义呢？区块链可以通过加入新区块的方式，构成一个链式数据结构来允许向“账本”中添加新的记录，然而无论如何，原有的记录也依然无法改变。这实际上是从根源上解决了一个信任的问题，它让恶意节点的操作均徒劳无功。

通过以上的描述，区块链仿佛是一个完美的系统。然而，再完美的系统也一定会有它的瑕疵。

上文已经提到过，区块链的分布式特征让整个系统可以透明公开，被所有人监督，这也是系统安全性的一个保障，然而，公开透明与隐私，这两者是鱼与熊掌不可兼得的。隐私就意味着非公开，那么整个系统的可靠性将大打折扣。

另外，我们一直在强调区块链在去中心化中的作用，但是，我们忽略掉了一点，去中心化真的能够实现吗？

从经济学角度来说，这就好像是一个刚萌芽的行业，众多企业构成了一个完全竞争市场，随着市场的成熟，那些拥有专业资源的人会不断地得到奖励，最终的结果，是优势资源集中，市场逐渐变成了一个寡头垄断市场，原本数量庞大且多样的节点会被一个个寡头分割成块，由他们控制。如果这种情况继续恶化，当一个寡头垄断的节点数量过大时，对于整个分布式系统是一个巨大的威胁，这个时候所谓的去中心化也就名存实亡了，系统的安全性也荡然无存。

你的数据真的属于你吗

去中心化是区块链最大的特征，这就使得原有由中心大型超级计算机提供的算力支持将分散到各个节点计算机来完成，如何保证这些节点计算机的运行和互相之间的协同呢？

这时，5G技术中的边缘计算就可以派上用场了。对于边缘计算的应用，后文还有详细的介绍。在这里主要让读者理解的是，5G技术提供的边缘计算能力可以让分布式系统所要求的分布式算力能够达成。

同时，分布式数据结构的生命所在正是时延和连接。如果节点数量不够，那么这个所谓的分布式系统就依然还是个襁褓中的婴儿，无法发挥它的作用；如果数据传输时延过大，那么就意味着这些节点并没有连成一个分布网，一个信息传输滞后的点对点通信的意义还不如原有的中心化系统重要。

5G 技术所采用的是窄带物联网，即 NB - IoT，这个技术可以让 5G 网络实现海量连接，让区块链系统可以包含更多的节点，同时，上一部分也提到，节点的可增加性也是这个系统算力升级的关键，它决定了这个分布式系统能走多远。

而 5G 的超高速传输，则更是保证了区块链中各个节点的响应速度，命令只有即时传输才有意义。试想，即便在拜占庭问题中，9 位将军中没有背叛者，但他们之间的命令传达存在时延，这必然影响行动的一致性，最终依然还会输掉这场战争。

用通俗的话来总结，可以说，5G 技术既保证了区块链算力的现在，更明朗了它的未来。

而数据则是区块链的另一个关键。在开始这一部分的讲述之前，先问读者们一个问题。你们觉得你的数据，比如 APP 使用、每日步数、心跳数等，真的是属于你自己的吗？当我们把这个问题抛给你，你回想一遍之后得出的答案一定是“不属于”。

为什么？因为如果数据真的属于你，那么这个数据被别人用了，我们是有权利获得一定补偿的，但是并没有，反倒是那些互联网巨头依靠自己建立的大数据库不断为自己盈利。

我们是数据的提供者，但却并没有分享到数据产生的价值，更严重的是，我们甚至还承担了这些获利者操作失误的后果。根据 BM Security 和 Ponemon Institute 发布的《2018 数据泄露损失研究》，2018年全球数据泄露的平均成本为386万美元，比2017年上涨6.4%。在这些成本中，我们承担了大部分，比如一个个让人头疼的骚扰电话、一个个让人厌烦的推送广告以及一个个蓄谋已久的诈骗案件等等。

在数据大爆炸的今天，数据所有权的保护理应变得更加重要。5G技术和区块链的出现，能够把数据的所有权从互联网巨头手里拿回来，交给用户自己。未来，互联网公司与AI运营商想要通过收集数据来进行用户画像、AI训练等工作，需要在区块链网络中申请，并得到用户本人的授权，而且还需要在区块链账本中支付一定的成本，才能够获得这些数据。

之前就已经提到，公开透明和隐私是不可兼得的，但实际上它们的深层本质都是一样的，那就是数据的产权确定和使用权的交付。当确权和交易变得有序，数据“无主”状态得到缓解，那么系统的完备性和用户的个人隐私之间就可以达到平衡。

5G+区块链即将闪亮登场

1. 建立信任，还会有逆向选择吗

在区块链这个去中心化系统中，信任是至关重要的一环。而信任的基础，实际上并不是人的感受，从经济学原理来说，正是信息对称。在区块链中，每一个节点掌握的信息都是一样的，因为都能掌握到所有信息，当达到了信息对称，就不会有

逆向选择，自然每一个节点都是值得信任的。

这个突破是非常关键的，因为我们往往在让别人信任自己和让自己被别人信任上面耗费大量的时间和精力。比如，金融机构要请第三方评估机构进行风险评级，企业要请第三方专业的会计师事务所进行会计核算等等，这些所谓的评级、审核构成了企业和机构一笔不菲的支出，而这笔支出本可以用来进行社会再生产。

因此，区块链对于整个经济的改变，不仅仅是所谓的更便捷，或者说速度提升，更根本的影响是理念方面的，是彻底解决了经济主体之间的信任问题。未来，随着区块链的普及，人们将不必在建立信任上耗费精力，只需要将重心都放在生产经营上，这对于经济发展来说是非常有利的。在本书第五章就举了一个 5G 与区块链帮助金融保险行业发展升级的例子，用以说明区块链未来应用的广阔前景。

2. 去中介化，数据规则众生平等

我们一直在说去中心化，然而，从更广义的角度来看，真的能够彻底去掉中心化吗?

实际上并不然，区块链只是将人为因素从中心中彻底剔除了，让区块链系统成为了严格遵守数据规则的数字中介。可以说，将信任编码在软件系统中，取代依赖用户信任的人类组织，是具有划时代意义的。

在这个冷冰而又客观的数字规则面前，所有个体和节点都是平等的，这也是我们需要维护的。区块链通过这个系统皆须遵守的数据规则，建立了一个更安全、更公平的数据体系，让有关的数据交易变得透明，保障了数据来源者的所有权，把数据买卖这个底下产业链摆在明面上，以后数据能否被他人所用，都由数据所有者来决定，颇有一番“我命由我，不由天”的意味。

3. “脱云向雾”，物联网摆脱传统控制

云是聚集在一起的，是凌驾在地面之上的，在当前的现实情况中，它就是中心的大型超级计算机。而雾则不一样，雾是虚无缥缈的，距离地面又特别近，虽近在眼前却又难以捉摸，雾对于地面，就像是区块链对于物联网。

这里的控制，有两层含义，一层是命令控制，另一层是规模控制。

命令控制方面。如今，我们已经建立了具有一定规模的物联网，部分汽车也已经开始尝试着智慧网联，虽然水平还比较低，但这已经是一个开端。然而，这些依然还在“云”的控制之下，一切都还需要终端核心计算机进行统筹计算，发布命令，而且，这些所谓的物联网触手也并没有互相协同，依然是听命于人，各自为战。未来的物联网将彻底摆脱听命于云的宿命，让去中心化系统具有自组织能力，而点对点的通信就是它们的组织手段。

规模控制方面。在前文已经多次提到，区块链的去中心化系统，规模越大，节点数越多，系统算力越强大，公开透明性越高，可监控度就越高，系统安全性和完备性就越强。而且，节点数的未来增加，也是整个系统自主演化升级的必由之路。只有真正让物联网突破中心计算机的算力瓶颈，“脱云向雾”，由有形的中心控制变为无形的相互制约，才能给物联网这个庞大的网络不断延伸的条件，才能实现真正意义上的万物互联。

4. 照亮现实，5G+区块链致力于“做嫁衣”

在前文的基础上，读者已经感受到，区块链是物联网的基础，是实现万物互联的保障。因此，5G 与区块链的融合正好给许多技术本身和它们的应用前景提供了良好的条件。

比如，区块链融入车联网，建立一个智慧网联汽车系统。关于车联网，我们在后面的章节会有更详细的讲述，在这里只想让读者思考一下，如果车联网系统不是基于区块链会怎么样，当有些恶意节点控制了多个节点群，那么道路安全将受到直接威胁，那时的公路上就真的满是马路杀手了。

区块链融入智慧城市。智慧城市是一个异常繁杂和庞大的系统综合体，它包含了交通、生产、安保等方面，5G 和区块链保证了端与端的连接，推动了大规模应用、协同性应用的落地，打通了不同终端之间的壁垒，这也是实现智慧城市大融合的前提条件。

5. 去伪存真，5G＋区块链助力电子数据真实性认定

前面讲到了区块链有去中心化、公开透明、数据可监督的特点，可以实现在很短时间内就将数据复制到所有区块中，每个节点都可以对数据进行追根溯源。这一特性，决定了区块链技术有一个天然的非常好的应用，就是对电子证据真实性的认定。

什么是电子证据？就是当今社会互联网和移动互联网已深入到社会的方方面面，人与人之间的关系大量通过网络来完成，大量民事纠纷和诉讼中会涉及电子数据。2012 年修订的《民事诉讼法》首次将电子证据列入证据范畴。2019 年 12 月 26 日，最高人民法院又修改《关于民事诉讼证据的若干规定》，明确补充完善电子数据范围的规定，以及电子数据的审查判断规则。

时隔 7 年，最高人民法院之所以又特别明确电子数据范围，是因为电子证据在民事纠纷中占比越来越高。数据显示，2018 年全国 2 万多件民事案件中超 73％涉及电子证据，电子证据已经应用于商务往来、离婚财产、证券纠纷、互联网金融、电子病历、聊天记录等 43 种不同类型。

但是，作为一种形成存储于电子介质中的信息，与书证、物证等传统证据相比，电子证据有虚拟性、脆弱性、隐蔽性、易篡改性等先天不足，在存证、取证、示证、举证环节都容易

产生争议。对中国裁判文书网 8 000 多份与“电子证据”“电子数据”相关的裁判文书统计发现，明确作出采信判断的电子证据仅占比 7.2%。

区块链的去中心化、不可篡改、全程留痕可追溯、多方维护、公开透明等特性，可以解决电子证据易被篡改等先天不足，将区块链技术应用于电子证据平台，具备更加快捷、更低成本、存证场景高宽容度的优势，有助于改变电子证据存储固定旧模式下收费高、响应速度慢的顽疾，特别适用于对电子证据数量、质量要求高的仲裁等司法领域。

而 5G 的超高速传输和切片特性，既解决了电子证据中占了很大一部分比例的视频证据的传输问题，而且通过网络切片，可以为电子证据传输提供专用通道，保证了电子证据的清洁性和不可沾染性，可谓为区块链认定电子证据真实性能力“如虎添翼”。

国内首个在“5G＋区块链”方面吃螃蟹的仲裁机构是青岛仲裁委。2019 年 8 月 23 日，青岛仲裁委上线全国首个基于 5G 网络切片技术的区块链电子证据平台，该平台由中国可信电子数据行业龙头企业杭州安存网络科技有限公司发明和建设，上线运行不久即发挥了比预想中更强大的效果：降低仲裁成本 30%以上，仲裁期限控制在 30 天以内。

据介绍，这个基于 5G 网络切片技术的区块链电子证据平台，结合区块链、时间戳、人工智能等技术对电子证据进行安全存储，并通过移动端到端的切片管理系统，实现移动端数据安全、快捷地直达电子证据平台。当发生纠纷时，平台将前置性地通过已存储的哈希值和当事人提交的电子证据原文进行自动校验比对，智能核实电子证据是否被篡改，从而有效解决传统仲裁过程中存在的电子证据易篡改、易伪造、取证难、认定难等问题，实现和提升批量化、智能化、规范化仲裁审理效率。

这一平台还预留了多个端口，可以与其他经允许的如法院、仲裁、律师、公证、司法鉴定等机构数据互联互通，形成不可伪造和不可篡改的区块链数据库，最大限度发挥司法协同监督的作用。

第四章　5G 催生产业转型升级

产业是指国民经济中以社会分工为基础，在产品和劳务的生产与经营上具有某些相同特征的企业或单位及其活动的集合。早在马歇尔的《经济学原理》中，就已经将产业组织作为第四大生产要素来看待。

产业将微观企业和宏观经济紧密地联系在一起。探寻 5G 技术如何影响经济和社会，如果仅仅落脚在企业层面，未免太过片面，无法纵览全局，而落脚在整体经济，却又过于笼统，不具有代表意义。因此，从产业角度出发，分析 5G 所带来的革命性变化，之后再基于产业综合分析其对于整个经济社会的改变，才能粗中有细，详而不杂。

5G 对于产业的改变，是功在当前、利在未来的，它既可以有效解决当前产业中存在的问题、短板，又可以创造未来长远健康发展的条件。

“三农”难题有望破解

何为“三农”问题?

“三农”问题并不是单一的问题，而是一个由从事行业——农业、居住地域——农村和主体身份——农民结合而成的三位一体的综合性问题。还记得在千禧年伊始，中国民间“三农”问题研究者，时任湖北省监利县棋盘乡党委书记李昌平上书时任国务院总理朱镕基——“农民真苦，农村真穷，农业真危险”，这三个短句让解决“三农”问题正式提上日程。

5G 能让农业生产变得“风花雪月”

一提起农业生产，案前的你脑子里肯定会浮现出挥汗如雨、烈日炎炎、尘土飞扬的场景，然而 5G 的出现，将会改变传统“下里巴人”的农业生产模式，让农民在“风花雪月”中依然能够收获颇丰。

前文已经说过，5G 与 4G 的最大区别就是 5G 是基于物联网逻辑之上的，每一个控件既是信息的输入端更是信息的输出端。而从 5G 本身的系统构建来看，统一性的命令下达和全局性的统筹规划也是其独有的特点，这就意味着实现多控件动态控制，达成统一目标将不再困难。因此，之前 4G 没有实现的智能种植将成为现实。

具体来看，农业种植建立基于 5G 技术的智能大棚，布置众多传感器和摄像头，时刻收集空气湿度、土壤成分、棚内温度等数据信息，之后经过数据上传归总在统一的数据中心。该数据中心可以充分利用 5G 的大数据属性，建立同类别、相似地区的大型数据集合体，结合大数据与 AI 工具实现初步分析，并形成较少数量的生产决策，最终呈现于农业生产者电脑或者手机上，而这些曾经必须在田间汗流浃背的农民则可以躺在沙发里，泡着茶看着电脑来指导整个生产体系运转。从更大范围来看，农民可以控制生产区域内的一系列生产设备，包括拖拉机、播种机，通过无人机进行实时跟踪，将前方障碍与边界汇报给终端机器的接收装置，并基于此重定路径，调整速度，最终实现整片区域的精准农业生产管理。

5G 时代的农业生产，农民将不再是一线生产的主角，机器生产将会替代农民劳作，完成绝大多数的体力劳动，让农民得以退居二线，从一个亲身生产者变成一个命令发布者，体验自己当领导指挥设备生产的感受。这样的农业生产，这样的农民，你还会觉得苦吗？

5G让“乡村振兴”战略落到实处

以国家为主导的减贫事业如今已经取得了巨大的成就，我国农村贫困发生率从1978年的97.5%下降到2018年的1.7%，即便如此，截至2018年，我国农村贫困人口依然还有1 600万人[①]，扶贫事业的最后冲刺任务依然艰巨。

如何让农村富起来，这是一个包含生活方方面面的综合性问题，涵盖教育、医疗等多个方面。单一的补贴是添油战术，乃兵家大忌，触及农村发展的根本才是解决贫困问题的关键。2020年，我国将全面建成小康社会，脱贫攻坚战进入决胜阶段。农村的发展已经成为党和国家重点关注的问题之一，但这不可一蹴而就，多方位全面的综合提升才是农村摆脱贫穷走向富裕的必由之路。

1. 5G利于普及乡村教育

农村一直是教育普及的难点。数据显示，2016年我国农村居民平均受教育年限为7.695年，文盲占比依然达到8.81%，小学与初中文化程度占到了77.7%。[②] 虽然从数据上看，农村教育相较于2006年已经取得了长足的进步，但实际上仍然有很

---

① 国家统计局住户调查办公室．中国农村贫困监测报告2018［G］．北京：中国统计出版社，2018.

② 国家统计局人口和就业统计司．中国人口和就业统计年鉴［G］．北京：中国统计出版社，2017.

大的发展空间。

农村教育依然是我国基础教育事业的大头。2017 年，农村学前教育在园学生占总体的 62.9%，农村义务教育在校生占总体的 65.4%，高中教育比重则为 52.35%，均超过半数。[①] 这就意味着我国的教育事业，很大一部分都是由农村教育构成的。因而让农村享受到更普及、更高质量的教育是我国教育事业发展的重中之重，也是培养农村发展核心人才力量的关键。

农村受到地理因素的限制，难以享受到较好的教育资源和师资力量，但是 5G 可以实现名师面对面，共享教育资源。

先说如何建设的问题。4G 之所以没有实现农村网络教育的普及，在于 4G 的信号核心在于信号塔，庞大的基站是 4G 网络存在的根本，偏远地区地处崇山峻岭之中，大型基站建设难度大、成本高。而 5G 虽然也需要基站，但是由于其所存在的波段是短波，其需要的基站数量多，但单个体积小，建设难度较低，往往可以与路灯、电线杆等相结合，因此，5G 时代将会实现在农村更为普及的网络服务，这就给后续的一系列信息化建设提供了条件。

在基础设施建设完成之后，5G 的多线程、快传输的优势将得到充分发挥。4G 时代受到波长的影响，其信号虽传播距离

① 东北师范大学中国农村教育发展研究院．中国农村教育发展报告［R］，2019.

长，不易受到遮挡，但质量差，5G 在密集的小型基站下能够克服传播距离的缺陷，实现短波长的高质量信号传播，让教师网络直播，课程信息共享速度更快，图像更清晰，这在一定程度上能够解决农村教育资源匮乏的问题。

除了基础教育以外，对农民进行农业技能培训也是帮助他们提高产出、增加收入的有效方法。

2. 5G 助力建设更先进的乡村医疗

农村基础设施水平远不如城市[①]，落后的医疗设施限制了乡村医疗的发展，但鉴于我国有“基建狂魔”的光辉成果，未来让农村整体基础设施实现翻天覆地的变化并不是不可能，此时就引出了更为重要的问题：医疗设施可以解决，那么高水平的医生去哪儿找呢？

2019 年 1 月，福建一名外科医生利用 5G 技术实施了全球首例远程外科手术，医生利用 5G 网络，操控 48 公里外的一个偏远地区的机械臂进行手术，成功切除了实验动物的肝脏，过程延时只有 0.1 秒，手术操作稳定。这就意味着“隔空做手术”在 5G 时代成为了现实，稀缺的优秀医生资源将可以在乡村间实现共享，医生也不必经常长途奔波，节约了时间。

试想，当基于 5G 的远程手术可以实现，那么远程诊断、

---

① 余姗珊，鲍文．农村基本公共服务供给现状及对策建议［J］．安徽农学通报，2019，25（20）：19－20.

远程开药相较来说都是“小儿科”了，也就可以说，农村大部分普通疾病都可以通过 5G 实现快速治愈，甚至就算是农业生产中的动物、植物也同样可以得到相应的妥善处理。基于 5G 将能够建立一个更为完善的乡村医疗体系，让偏远地区也可以享受到珍贵的医疗资源。

3. 5G 让政府离农民更近

基层政府是与人民距离最近的政府，建立更为亲密的民政关系，乡村是一个非常重要的阵地。

随着近几年乡镇改革的深入，财权上移、事权下放，乡村存在的“要饭财政”“乡财县管”问题逐渐凸显，权责不匹配，基层政府能力弱化已经成为了一个较为明显的问题，这也造就了基层干部的弱势地位，由此产生的信任缺失严重影响了基层政府与普通民众的关系。

而 5G 将能够通过信息技术让政府给农民群众提供更为“贴心”的服务。

在政务办理方面，5G 能够帮助政府相关部门进行农地确权、农村金融等工作时提供精准、全方位的信息服务，有效降低治理成本，让政务关系更为透明，消除基层农民的抵触情绪，改善民政关系。在农业技术推广方面，政府可以通过政务网站、自媒体等为农民提供专业化的技能培训，同时充分利用 5G 双向通信的特征，综合处理地区生产实时存在的各种问题，并提供改进建议，提高劳动生产效率。另外，农业产品需求弹性较低，农业供销阻塞所导致的价格波动会严重影响农产品收入，因此，政府在帮助打通农产品产供销渠道时也可以借助5G，发挥信息技术的优势，采用AI智能匹配等方式提高交易效率，降低交易成本，为农产品上市扫清障碍。

5G大幅提升农业效率

农业自身的“弱质性”让其发展壮大本就不太容易。

首先，农业是第一产业，与第二、三产业不同，除了需要面对市场风险，更重要的是要面对难以预料的自然风险。农业生产极易受到极端天气影响，而导致产量下降，直接威胁农民收入，这就使该产业发展并不稳定，同时，天气原因也将影响物流等行业的效率，而农产品保质期较短，容易变质，导致运输成本增加，利润受损。

其次，农业生产与土地资源密不可分，而土地的边际收益递减效果非常明显，其存在一个明显的“上限”，而突破这个上限所需要付出的成本是巨大的。而且，农业生产不像制造业，往往存在着很大的不确定性，空气、湿度都将影响农作物的收获过程，这就使得基于固定程序的机械化只能应用于较少种类农产品的生产，渴望通过压缩成本的方式赚取超额收益几乎不可能。

另外，从消费结构方面来看，随着人们收入的增长，恩格尔系数会越来越低，意味着未来在人民的消费结构中农产品占比将会逐渐缩小，这也影响了农业的收入。同时，农产品作为生活必需品，需求收入弹性低，即便人均收入上升，基础农作物的需求并不会有什么大的改变，这就使得从客观上来说，农产品的利润空间并不大。

因此，如何实现更高效的农业生产，改变农业弱势地位，在有限的条件下拓宽利润空间，是未来我们需要探索的方向，而 5G 如何从中贡献力量，让已经实现现代化的农业“智慧”起来呢？

1. 5G 让农业生产学会“随机应变”

上文说了，农业生产较容易受到客观环境的影响，例如天气等。虽然我们无法改变天气，但我们可以做到更早地预判天气变化，提前做准备，未雨绸缪总要好过亡羊补牢。

5G 最大的特点是高速、宽幅的双向通信，再加上物联网加持，这就使得布局大量天气探测器，包括湿度、云层等，建立双向互动的天气监控网成为可能，同时 5G 的顶层架构也能够帮助系统在获得巨量信息的情况下快速产生综合性、可执行的结果，未来更精准、更及时的农业天气预测和即时反应系统将并不遥远。

当然，随机应变不仅仅意味着能够及时应对天气变化，还包含了可以与市场挂钩，及时调整生产的功能。

农业是典型的可以作为跨期模型分析的产业。前一期的市场状况会影响下一期的供给状况，从跨期来看，农业供给弹性较大，而农产品作为生活必需品需求弹性较小。在经济学理论的蛛网模型中，当供给弹性大于需求弹性时，如若非平衡状态出现，实际价格和实际产量上下波动幅度会随着年份越来越大，偏离均衡点越来越远。因此，让农业生产者实时掌握当期供需情况，以及了解本地区的同类农产品当期预计种植状况，可以有效地解决市场失衡的问题，避免决策失误导致的供需失衡，进而提升农业资源配置效率，这有助于农业未来稳步发展。

2. 5G 让农业生产摆脱“循规蹈矩”

现代化农业和智慧农业的最大区别就是决策者是人还是系统。

现代化农业是基于人们预设的、固定的程序进行运作，一切程序的改动都依赖于人，因此，决策权完全在从业人员。而智慧农业则不然，我们可以通过设定决策的优先级，通过机器学习等方法让系统能够基于广泛的信息和反馈自主做出生产决策，适时制定程序，减少摩擦成本，让人的角色更多地由“将”转变为“帅”。

3. 5G 让农业消费也能“高端大气”

我们常在提消费升级，消费升级实际上不仅仅包含对新的高端产品的消费，同样包含让生活必需品这类“接地气”的商品可以“上得厅堂”。

农产品一直以来都以朴实的形象示人，但“原装”的农产品如今已经难以满足消费者的差异化需求，可是生产者对这一切变化还并不了解，尤其是基层农民。5G 所带来的更大范围的网络普及将能够让农民离市场需求更近，多在产品生产上花心思，例如曾经爆火的心形西瓜、印字苹果等等。

而且，从产业经济学角度来看，高附加值化是一个产业走向成熟的特点之一，农业发展必然也要实现农产品高附加值化，能够根据人们不断升级的农产品消费需求，调整生产策略。农产品要想能够在消费升级中分一杯羹，就必须要完成深加工，增加产品的附加值，而农民受限于知识水平等客观条件，往往不具备深加工的条件，因此，让农产品最初生产环节与第二阶段深加工的企业有效匹配就是 5G 可以大展拳脚的领域。5G 的泛在网特性将会让深加工企业也可以全国线上采购，实现更快的交易撮合，让农产品产业链的各个环节啮合得更好。

综合来看，5G 将会彻底改变农业的产供销全产业链，从生产者本身到生产环境，再到整体行业都将实现重塑，传统现代化农业将逐步向智慧农业转型，而困扰我们多年的“三农”问题将在这场浩浩荡荡的 5G 浪潮中得到有效解决。

工业将从制造走向智造

工业的转型升级，包括由机器人代替人工，各国喊了多年，但进展不如预期，归根结底，还是受到科技的先进程度的掣肘。如今，5G 的出现，为工业从制造走向智造提供了强大的技术支撑。

5G 赋能馈线自动化，重塑传统能源产业

何为馈线自动化？大家可不要被这个充满专业气息的名词吓到，我们从其英文拼写中可知一二。馈线自动化英译为 Feeder Automation，简称 FA，如果把送电看作是变电站对用户“投喂”电能，馈线自动化就可以理解成是一种自动给用户“投喂”电能的方式。

馈线自动化含义其实很简单，是指从变电站出线，到用户的用电设备之间的馈电路实现自动化。这个自动化包含了两个含义，一个是指在供电系统正常运行中，对于用户的自动检测、数据反馈和运维优化；另一个就是当系统存在故障时，进行迅速识别、故障隔离，并在短时间内自动转移和恢复供电。

通常情况下，馈线自动化大致分为以下两类，一类是具有就地控制功能的自动重合器或者是分段器，可以简单理解为是

一种受客观条件限制的临近开关组，实现故障自动隔离和恢复供电。这种模式较为简单，不存在任何数据采集和远方通信，我们将它形象地比喻成是一种天高皇帝远的“区域自治”。而另一类则不同，临近的开关组变成了一个完整的控制系统，采用远方通信渠道，具有数据采集和远方控制功能，可将它比喻成是一种受中央集权管理的分支机构。

目前，第二类馈线自动化已经逐渐取代第一类。而 5G 以其优越的特性将会为第二类馈线自动化的发展壮大贡献力量，在此过程中改变传统能源行业的传输模式，降低运维成本，提升能源效率。

1. 多单元联动，牵一发而动全身

上文已经说过，馈线自动化包含了在正常时期的检测运维和非常时期的故障处理，这一切能够在短时间内完成的保障就是完备的 FTU 系统，即馈线终端单元，每一个 FTU 就像是整个系统的一只只眼睛，时刻盯着自己视线范围内出现的异常情况。

这一系列的监测眼睛能够回报海量的信息，而如何让这个系统在面临大量信息时能够有条不紊地进行反应呢？5G 的 SDN 架构即可药到病除。

提到 5G 的 SDN 架构，不得不说一下传统网络的静态架构，当然这也是 5G 之所以是划时代技术的原因之一。传统网络的运作模式是静态的，控制单位和转发单位紧密耦合，不同设备的链接产生了截然不同的拓扑结构，这就导致其存在多样化、不统一、缺少共性的问题，这也是为什么传统网络增删设备需要交换机、路由器、认证门户等一系列烦琐的流程。因此，传统结构是不允许管理者进行过多干预的，简而言之就是传统结构缺乏统一的“大脑”，分散决策所达成的互联互通让全局掌控难以实现。而在更为先进的馈线自动化系统中，全局统筹则尤为重要。

5G 的 SDN 架构实际上是将原有系统冗长的结构扁平化，将数据屏幕面和控制平面相分离，通过集中式的控制器和标准化的接口对所有设备进行管理配置，这就实现了多单元的迅速增删，拥有了统一的“大脑”。

有了统一的大脑，再加上 5G 的万物互联特性，将每一个感应器与大脑相连接，感应器与感应器相连接，一个完整、有序的检测系统就建成了，牵一发而动全身的集体运作将彻底替代传统的孤军奋战模式。

2. 低时延反应，迅雷不及掩耳势

馈线自动化系统最引以为傲的就是其可以在发生故障之后，短时间内迅速反应，进行故障隔离，减少能源损耗，而这效率的保障就是低时延。当故障发生时，感应器件要先将信息迅速反馈至系统终端，由控制层基于数据与信息进行判断处理，之后再将处置命令反馈给下一级单元。因此，信息在各个元件之间的传输速度决定了馈线自动化系统解决故障的效率。

在现代社会，停电所造成的经济损失是巨大的，供电暂停的每一秒都仿佛在烧钱，一个个冷库、一个个大数据中心都将遭到严重的破坏。而随着能源行业的发展，新型能源包括太阳能、风能等都会给电网带来额外的负担，据统计，在目前的电力系统中，故障定位和隔离的时间可能长达 2 分钟。

而根据华为提供的数据，当通信网络的延迟小于 10ms 时，整个馈线自动化系统可以在 100ms 内隔离故障区域，5G 的低时延特征足以满足这个要求，让电网故障反应在一眨眼间完成。[①]

不仅如此，5G 除了能够让现有电网监控效率提升以外，还能够帮助馈线自动化技术普及。许多国家和地区因为缺乏煤矿等资源，导致它们只能大力发展新型能源，然而新型能源往往缺乏稳定性，电网能量波动大，故障风险高。基于 5G 技术的馈线自动化系统能够有效匹配这些地区的客观条件，降低故障频率，缩短反应时间，减少能源浪费。

目前，智能馈线自动化已经成为能源公司的首选，未来也

---

① 华为技术有限公司．5G 时代十大应用场景白皮书［EB/OL］．（2017－09－23）．https：//www－file. huawei. com/-/media/corporate/pdf/mbb/5g－unlocks－a－world－of－opportunities－cn. pdf? la＝zh.

将成为世界趋势。根据市场前景咨询公司 ABI Research 的预测数据，全球馈线自动化市场将从 2015 年的 130 亿美元增加到 2025 年的 360 亿美元。

如今，发达地区的用电可靠性高达 99.999%，平均每年停电时间不到 5 分钟。我国的南瑞技术公司已经在上海浦东进行试点，将该地区供电可靠性由 99.99%提升至 99.999%，其他国家的通用电气、伊顿等公司也都在着力推广馈线自动化技术。值得注意的是，这些都还是以上一代光纤基础设施为依托的配电自动化系统，当 5G 技术融入配电系统之后，这一切都将实现质的飞跃。

5G 引领小基站时代，制造有望大升级

小基站（Small Cell）区别于悬挂在数十米铁塔上的基站设备，是一种可以安装在商场、车站、办公楼室内的信号装置，为消费者提供多制式的室内信号。

此时，你一定有一个疑问，这不就是 Wi－Fi 嘛。实际上，小基站比 Wi－Fi 要更厉害。据运营商数据，目前 70%～80%的移动流量来自室内，而室内网络信号质量比室外要差得多，运营商所受到的投诉 80%都是因为室内信号不稳定或者网速慢①，而

① 数据来源：华为，中信建投证券研究发展部，2017.

小基站比 Wi－Fi 的网络覆盖力更强，速率更快，可以满足用户室内通信需求。Wi－Fi 连接设备过多导致网络速度变“龟速”的痛苦，大家一定体验过。小基站则可以帮你解忧，因为它不存在用户并发问题。

未来，小基站将会成为移动通信行业的新“时尚”。2019 年 5 月 8 日，工信部、国资委印发《关于开展深入推进宽带网络提速降费、支撑经济高质量发展 2019 专项行动的通知》。通知要求全年扩容及新建基站超过 60 万个。据中商产业研究院数据，2019 年 1 月至 11 月，移动通信基站设备生产达 38 019.9 万信道，更让人惊讶的是，根据预测，未来基站数量将至少是现在 4G 的 1.5 倍，未来宏基站将建成 50 万个，微基站将突破 150 万个。

庞大的市场需求必然会带动相关制造产业链蓬勃发展，从上游的芯片及模组到射频器件、射频电缆、滤波器等再到中游的设备网络，包括主设备商、基站、网络工程、芯片终端配套，最后是下游各类场景应用和通信设备终端，整体产业链将会涵盖钢铁、电子芯片等多个细分领域。有关机构数据显示，预计 2021 年光模块产业规模将达到 140 亿元，光纤光缆产业规模将达到 500 亿元，2025 年 5G 将会给通信设备等核心产业带来 1 万亿元的产值，就连基站天线系统中非常小的一个器件——基站天线振子，据统计其市场规模就可达到 550 亿元，而因 5G

所带动的其他关联产业包括车联网等等，市场规模预计在 2025 年能达到 3 万亿元。

5G 带来的不仅仅是需求规模的变化，还有需求深度的变化，而这也有助于制造业科技进步。5G 基站所需要的 Massive MIMO 天线数量高达 64 到 128 个，后期随着毫米波技术升级、天线体积进一步缩小，阵列数量可能达到 256 个，同时每一个天线还需要带阻滤波器，可以说，分寸之间皆有精密的电子元件。除此之外，相关的高阶调制技术、空分复用技术等一个个“高大上”的尖端科技都让 5G 基站的建造变得充满科技基因，这一切都将督促相关行业逐步向“知识密集型”和“技术密集型”靠拢。

5G 实现万物互联，颠覆传统生产模式

1. 识时务者为俊杰：柔性生产线

在说柔性生产线之前，先要聊一聊现有的生产线。

品种单一、设备专用、工艺稳定是现阶段推行批量自动化生产、实现规模经济的前提条件，仿佛固定的生产模式才是高生产率的保障。然而，随着科技的进步，消费者对产品的功能和质量要求越来越高，产品迭代速度越来越快，差异化和独特性逐渐成为产品最吸引人的“魅力”。然而传统生产中，人在决策中依然占据主导地位，但人的应变和计算能力终究是有限的，

在准确率和及时性上与计算机相比均有一定的偏差，很难跟上市场需求迭代的速度，也很难正确设定生产计划，此时，柔性生产线应运而生。

柔性生产线可以根据市场需求的变化灵活调整产能目标，同时在多个下级生产线中合理分配任务，让多样化、个性化产品与高效生产得以共存。因此，所谓柔性是一种动态的、智能的生产状态，这种柔性包含两个方面，一个是基于市场信息进行弹性生产决策，另一个是在生产过程中进行灵活配给，综合利用资源。

从第一个方面来看，根据经济学理论，对于市场需求的变动都会有最优的生产供给决策，而因为数据传输的原因，厂商生产策略往往具有滞后性，当期的市场需求变化只能影响下一期的企业生产规划，而这种动态的滞后将极有可能造成最终形成的供需关系越来越偏离最优状态，这与上一节的蛛网模型如出一辙。因此，如果通过 5G 技术，在市场销售的各个环节都有终端设备进行测算，并将数据进行及时反馈，就能够缩短这个时延，让生产安排可以时刻因市场变化而进行适当修正，这将不仅有助于企业距离利润最大化生产状态更近，对于整个市场资源配置的提升效果同样不容小觑。

从第二个方面来看，在前几章已经说过 5G 技术的网络架构，其 SDN 与 NFV 的架构方式和网络切片功能可以支持企业根据不同业务场景编排网络架构，通过带宽限制和优先级配置的方式为各个生产环节提供适当的网络控制功能。在这个基础上，生产线的指令系统将会变得更为智慧，之后，再加上 5G 的万物互联特性，强大的物联网让一个个生产设备不再是“哑巴”，互相之间的交流通信、即时反馈，让整个生产线系统具备极强的频繁重部署能力和低廉的改造成本，“灵动”的柔性生产将会实现生产资源的最佳利用。

2. 以逸待劳：智慧无人化

一直以来，勤劳让科学家们前赴后继地创造了一系列高新技术，让社会变得更先进，而促使他们做这一切的，部分原因是懒惰。因而我们一直认为，是懒惰推进了科技的发展和社会的进步。人们懒得走路，所以发明了日益先进的交通工具；懒得上楼，发明了电梯等。作为划时代科技的 5G，同样有继续让人们懒下去的使命，比如把工人从生产线中解放出来。

把人从生产线中解放出来后，那谁来完成生产呢？

答案当然就是机器人。目前，不少企业已经建成了以机器人为主要生产力量的自动化生产线，但基于 5G 技术的机器人有所不同，它具有一个“云化”的大脑。5G 的物联网属性让每一个设备既可以成为信息接收端，同样也可以成为信息输出端，这些巨量的信息都将储存在云端，由控制层进行统一计算，之后，本地机器人将会受到这个云端大脑的控制来执行生产任务。

与目前建设的机器人不同，基于 5G 技术的机器人能够与云端平台进行实时数据交换，而 5G 所具备的低时延、高速度特性可以给这个交换过程提供稳定的无线通信网络支撑。

具体来看，以 5G 技术为基础的无人化生产有以下几个特色：

其一是机器人之间的有机协同能力将会更强，因为它们不再仅仅是命令的接收者，而成为命令形成的组成部分，5G 所能实现的万物互联意味着机器与机器之间也可以实现通信。原本协调安排各个生产线产能的任务是交给人来计算的，如今，这些聪明的机器人们已经可以胜任团队作战了。

其二是无人化的机器生产将会更有效率，错误率更低。实际上，一直以来，人依然作为生产核心是因为对机器不放心，机器生产容错率太低，生产出现问题时也不会自动停止，会造成大量的原材料浪费。5G 的高速度和大带宽特点则可以让计算更快、更准确、更具备兼容性，弥补人工计算和操作的缺陷，实现 0 误差。

其三就是可以让机器在特种生产行业起到更大的作用。在一些特定行业中，生产需要在高温、高压等恶劣情况下进行，但因为目前的技术原因，这些工作依然还无法由机器代劳。这个原因很大程度来源于机器不能够根据突发情况应变处理，这也是经验丰富的老工人最有价值的地方。5G 可以让大数据与人工智能有机结合，建立更庞大、更复杂的案例学习库，推动机器学习，让每一个机器都成为生产“老炮”，对于突发情况应对自如，从而让人们可以坐在安全的操作间里指挥机器人进行生产。如今，已经有科学家利用5G成功进行了远程手术，这种遥控式的、在高危情况下的自动生产在5G时代将不再是梦。

3. 仿真实践也可追求真理：生产虚拟化

如今，手机里的APP让人们可以虚拟“种地”“带娃”等等，几年前的一股“偷菜”潮让大家抱着手机，蹲守虚拟作物成熟而乐此不疲。试想，如果生产者也可以如玩游戏般通过APP“指点江山”，进行制定生产计划、配置各级产能等操作，那是怎样地方便和有趣。这个幻想在5G时代将极有可能借助VR/AR成为现实。

在此之前，我们先来说一说，什么是VR，什么是AR。VR（Virtual Reality），大家都比较熟悉，其含义就是虚拟现实，从字面意思就可以明白，这个技术的目的是创造出虚拟的世界让使用者感知起来非常像现实，简单来说，其作用就是让“虚拟”近似“现实”。而AR（Augmented Reality）则不同，其含义则是“增强”现实，即通过技术处理结合使用者的操作，对现实的事物在“眼前”进行抽丝剥茧。

通过这个分析读者朋友可能明白一点了。现在4G和Wi-Fi时代实现的更多的是VR，更通俗点说就是“做白日梦”，但是，现实的工业生产可是真实存在的，要是脱离现实的世界，只进行虚拟生产，那么得到的结果只能是“纸上谈兵”。要想让虚拟生产、仿真实践在工业领域得以应用，必须要通过AR技术或者说是将AR和VR两者结合的MR技术，在现实生产和虚拟规划间找到平衡，此时，高清晰的视频和超低的时延，以及人工智能的精准预测都必不可少，而这些都需要5G的帮助。

未来，在5G的基础上，AR技术可以在工业生产领域普及，使用者可以通过移动终端或者其他交互设备与生产设备进行实时互动，并且还可以借助通信网络实现多人协同设计、虚拟操作培训等。机器再智能也终究不能完全替代人的作用，因此，提高人的工作能力，快速积攒人的生产经验同样非常重要。AR技术可以建立一种增强现实培训机制，让员工如亲身经历一般感受一系列生产突发状况，进行技能培训，这种方法可以在短时间内提升员工能力，同时，也不会带来过多的资源浪费。

4. 机器担当生产“守夜人”：监控自动化

其实，现在不少企业已经建立了较为完善的监控系统，摄像头遍及工厂的各个角落。可是，这些设备真的利用起来了吗？工厂丢失物品，警察调取监控见到信息丢失或者器件故障的案例屡见不鲜，即便是一切设备运转正常，这个现存的监控系统所能起到的作用也是非常有限的。视频质量较差，容易出现卡顿，提取较为困难，容易被删除破坏，以及无法收集声音等都是现在监控系统的弊端。更重要的是，我们认为，目前仅仅做到了监控二字中的“监”，再先进的监控都只是将异常现象记录下来，仅此而已。

何为“控”？就是面对异常情况的处理，是真正履行一个“守夜人”的职责，正如《权力的游戏》中黑城堡守夜人的誓言——“We are the horn that wakes the sleepers，the shield that guards the realms of men”（我们是唤醒眠者的号角，守护王国的坚盾）。作为号角和坚盾，光是一双眼睛断然不够，即时报警、安保联动、故障处理才是守护“王国”最重要的事情。

在 5G 技术的帮助下，这种真正意义上的自动化监控系统将成为现实。5G 技术低时延、高速度、大带宽以及万物互联的特性可以将工厂内的大小生产设备进行互联，并即时采集生产数据，当生产出现异常时能够在短时间内协调调整。当工厂出现危险，或者有不法分子出现时，监控可以自动识别违法行为，并与安保系统联动，迅速报警并上传至公安系统，召集力量及时将不法分子绳之以法。另外，现有监控设备的清晰度对于一些高精尖行业还远远不够，5G 网络可以实现 8K 超高清视频传送，还原生产的每一个细微环节，真正做到“无缝监视”。

超级互联网黎明将近

最近几年，超级互联网成为热词，广受热议。诸如超级互联网需要哪些条件，与现有互联网有哪些不同等问题，可谓众说纷纭。那么，在5G时代，超级互联网的蓝图会实现吗？超级互联网到底是怎样的场景呢？一起来看看。

5G的全新网络架构，是“鸟枪换炮”的基础

5G网络系统设计的逻辑视图是由“三朵云”共同构成的。首先是“接入云”，主要包含多站点写作、多连接机制和多制式融合技术，目标是构建更为灵活的接入网拓扑结构，具体包括动态可协商的接口配置、软件定义协议栈等等。其次是“控制云”，它基于灵活可重构的集中网络控制功能，提供包括供需对接、会话管理等服务，支持更为精细化的资源管控和开放。最后是“转发云”，其具有分布式的数据转发和处理功能，可以提供动态的锚点设置，将会给5G系统本身提供较强的业务链处理能力。

在“三朵云”的逻辑架构之上，5G网络以控制功能为整个系统的核心，形成了三层网络功能视图，也正是这扁平化的三层级结构让5G能够焕发生机。[①]

第一层是管理编排层，具体功能包括用户数据、管理编排和能力开放三个部分。用户数据功能主要就是存储信息；管理

---

① IMT-2020（5G）推进组.5G承载网络价格和技术方案白皮书［R］，2018.

编排功能就是借助网络功能虚拟化技术，对网络功能和网络切片进行按需编排，在高度灵活性的情况下提高效率。最后一层是网络资源层，具体分为接入侧和网络侧。接入侧很简单，就是依靠中心单元（CU）实现业务汇聚，由分布单元（DU）实现数据接入，这个结构很明显已经改变了传统网络的链式结构，这也是为什么 5G 可以避免传统网络增删设备麻烦的问题。网络侧就是实现数据转发、流量优化和内容服务等功能。两者协调工作，相应的数据将会被引流向合适的节点，实现更高效的数据传导和处理。

5G 的组网设计，主要由 SDN 技术和 NFV 技术实现。

什么是 SDN 呢？简单来说，传统网络中，网络服务商是一个中介，用户将需求发给它，然后它再传输出去，命令和信息都是通过一个一个路由器配过去的，因为每个设备适用的“语言”不同，还要经过一系列的转化和针对性的发送。而在 SDN 中就不一样了，所有需求都将发给 SDN，然后 SDN 发回去的时候会将控制和转发分离，最终实现都讲“普通话”。

那什么是 NFV 呢？通俗来说，NFV 就是完成一个解耦的任务，让原有由硬件完成的工作由软件来完成，让用户直接操作软件即可，不用再调试硬件设备，使得运营商网络更加开放和灵活。总结来说，就是 NFV 可以实现跨数据中心的功能部署和资源调动，SDN 则完成不同层级之间的广域互联。

当两者协作之后，就能够让 5G 网络具备组大网和灵活组网的能力。NFV 使硬件设施等物力资源可以在虚拟层面产生映射，构造所谓的虚拟机，对虚拟基础设施平台实现统一管理和资源的动态配置，而 SDN 则可以实现虚拟机间的逻辑连接，搭建一条承载信息指令和数据流的通路。在两者的共同努力下，最终达成接入网和核心网功能单元的动态连接，建成端到端的业务链，从而实现灵活组网。

由互联网到物联网，设备也能成“网民”

近几年，物联网一直是社会热点，企业也都前赴后继地加入到这场变革浪潮中。从应用层面的雅观科技、华为手表等，到云端的深智云、中科云创再到后面的边缘计算、芯片层面等等，每一个物联网细分领域都已经有大量企业在埋头耕耘。

智慧政务、智慧家庭、个人信息化等方面已经产生了大量创新性的物联网应用方案。据中国信息通信研究院的数据，2013 年物联网行业应用渗透率为 12%，而在 2017 年该数值已经超过 29%，Gartner（高德纳咨询公司）预测 2020 年将有超过 65%的企业和组织应用物联网产品和方案。①

简单地说，物联网就是通过各种电子设备包括传感器等等，

① 中国信息通信研究院，罗松．物联网发展态势、热点和挑战［R］，2018.

将物体的状态、位置及环境信息采集并连接至网络，从而建立物与人、物与物之间的联络。

这一概念虽然早有人提及，但一直到世纪之交，科技界才逐步意识到了物联网的重要性，只是那个时候物联网还被称为传感网。在当时的移动计算机和网络国际会议上众多专家达成共识，“传感网是下一个世纪人类面临的又一个发展机遇”。

传统的互联网，更多的是在完成如何将用户联系在一起，我们实现了无线通信、实现了高速上网，让远在千里之外的人可以通过视频见面。然而，这实际上并不是真正意义上的互联网，而只能称作“人联网”。当 5G 技术得以运用在互联网领域时，可以拉近人与物的关系，突破人联网的界限，实现人与物、物与物的万物互联。

人类一直在从支配中获取快感，这是我们的本质特征。因此，我们在能够随时随地与同伴通信之后，目标就转向了如何支配物。你或许会问，我们不是已经可以支配物了吗，比如我们建设了水坝、制造了风力发电机等等，但是，这一切支配都需要建立在处置的基础上，更通俗点说就是移动，我们无非就是用我们的力量将物质移动了，拆分组合了而已。我们并没有真正实现支配物品，因为我们根本就没有与物品建立除了真实触感以外的任何其他联系。

要想真正实现支配物品，首先就要感知到物品，同样也要让物品感知到人。这就是前文说过的感知层。感知层用于采集物体各方面的信息，这些设备将温度、电磁场等信息转化为电子信号。

感知层最典型的一个案例就是目前国家正在大力推广的ETC（Electronic Toll Collection），该系统就是运用了 RFID（Radio Frequency Identification）技术。RFID 技术就是大名鼎鼎的射频识别技术，即让物体之间可以进行非接触式的数据通信。这个技术距离我们并不遥远，在许多智能手表、部分公司的门禁系统中都可以看到。达成车辆短距离动态识别并与收费系统相连接，实现不停车收费，这并不难。

然而，为了支配物体，有的时候更重要的不是让我们感知到物体，而是要让物体能够感知到我们自己。因此，感知层的另一层含义是让物品具有接收信息的能力，借助传感器能够对人——它的操纵者，有自己的“感觉”并可以随之应变。这一案例的典型就是我们经常在科幻片里看到的，如今已经初步实现的人体外骨骼技术。这个技术就是让冰冷的物体能够借助各项身体感应数据进行应变、运动，最终变成身体的一部分，对人的机能进行扩展、修复和补充。

在获取了物品信息之后，接下来是让这些信息能够传输。传输层负责将感知层采集的各种信息汇聚起来，并进行联网传输。通常物联网是带有控制环节的，因此，传输层不仅要完成从物到网络的信息传输，还要完成将更高一层——应用层得到的决策和执行命令反馈给物体。

应用层是物联网的最顶层，也是重新定义人与物体关系的关键，更是人支配物体的现实操作，可以说，应用层就是物联网最“吸引人的美”。之前感知层的所有数据借运输层在这里汇聚，通过应用层的各种计算和处理，将原有的温度、湿度、体积等枯燥无味的数字变成一系列有趣的应用操作反馈在用户面前，比如触碰、体感等等。

我们不必了解许多关于物联网太专业的技术知识，只需要了解物联网究竟是什么就可以了。明白了物联网的核心理念和原理，有助于我们接下来更清楚地理解5G是如何让物联网焕发生机去做到万物互联的。

这几年，我国在物联网发展方面取得了巨大的成就，市场规模已经突破万亿。据IDC（互联网数据中心）预计，我国物联网平台支出将保持13%的年平均增长率，到2021年，将可能达到62.2亿美元，在全球占比将超过30%。未来，物联网行业还将继续发展壮大，那么其将会面对哪些挑战呢？5G技术怎样帮物联网突破桎梏？

1. 传输时延降低，体现物联网的效率

5G对于4G的升级并不仅仅是速度。借用被誉为“5G专家”的德国德勒斯登工业大学（TUDresden）通信网络教授

Fitzek 所说的，就算即便每一个人都拥有两部手机，其意义比起 5G 的联网汽车、联网列车、联网城市等都相形见绌。再庞大的人联网都不如一个物联网的细微突破更加具有创新意义，而物联网的效率基础就是时延。就比如当你在股市遭遇“腥风血雨”时，一个延迟了 5 秒的买入指令就能让你抓狂。

刚刚说了，这个时代人类的目标已经转为了去支配物，那么，如何让自己的命令迅速传达到物体本身并立即做出反应，这就是物联网的效率所在。5G 技术的数据传输速率是 4G 的 10～100 倍，端到端时延是 4G 的十分之一。任何脱离了时延的物联网都是空谈，因为一个过期的命令不仅没有意义，甚至还会有负面效果。因此，正是 5G 才给了物联网正式应用的可能。

2. 算力瓶颈突破，凸显物联网的能力

计算机领域的红利已经释放了近半个世纪，尤其在端设备数量爆棚增长的今天，算力已经到了极限，摩尔定律逐渐失效，单体算力增长举步维艰，而群体算力还依然停留在简单的硬件堆叠层面，物联网后续所可渴望发展的 AI、AR 等技术都还有海量的算力需求，现有的网络是难以负荷的。此时，5G 的大带宽与云端计算能力从技术方面保障了算力增长，而其赋予机器的自主学习能力也能够帮助算力突破瓶颈。

3. 数字孪生实现，彰显物联网的渗透力

“数字孪生”（digital twin）是什么呢？用很通俗的语言来

说，就是利用物理模型、传感器系统、历史数据等集成多学科、多尺度的仿真过程，在虚拟空间建立一个与现实物体一模一样的“双胞胎”，这样就可以实时模拟物体在现实环境中的行为和性能。此时，5G 所开拓的大量频段就可以奏效，其引以为傲的带宽能够帮助物体模拟更加真实。被 5G“加成”的数字孪生技术可以持续地预测装备或者系统的健康情况，透过现有的事实，通过与实体相响应进行对比，揭示装备研制中的问题，同时，防患于未然，超脱于现实地实现系统自愈，提高系统寿命。

4. 边缘计算增强，提升物联网的影响力

在万物互联时代，每人每秒创建的数据量成指数级暴涨，连接端数量也会迅速膨胀，物联网研究机构 Machina Research 的数据显示，到 2025 年，全球物联网连接数将增长至 270 亿个，蜂窝连接个数也将达到 220 亿个。这给云端计算带来了巨大的负担，即便 5G“神通广大”，使云端一个顶三个勉强运行，也会造成严重的资源浪费，同时，这也是物联网不容易更大范围普及的原因，无论终端计算能力有多强，总会有个极限，物联网的发展终究会受到云端“屋顶”的限制。

边缘计算则可以有效避免这个问题，其可以在端的附近，也就是网络边缘侧通过融合网络、计算、存储等核心能力开放平台，就近提供服务，分散云端部分低级处理能力。为了实现边缘计算，各个边缘平台必须能够互相联系，保证数据处理和命令下发的及时性和可靠性，而 5G 则可以做到这些，让每一个平台都能成为一个具有感知能力的大脑。

本书反复讨论物联网，那么物联网究竟能给这个社会带来什么？这里我们不需要再探讨已经被其他著作描绘过的物联网蓝图，那些都只是物联网最基础的功能，我们只想引导读者超脱物质享受，去更深入地思考什么是连接的价值。

华为公司构建了一个全球联接指数（GCI）①，通过研究该指数与经济之间的关系发现，GCI 指数得分每提高一分，将会分别带动国家竞争力、创新力和生产力提升 2.1%、2.2%、2.3%。持续投入和部署智能连接基础设施的领跑者所获得的收益远高于其他国家。可见连接的意义绝不仅仅是提升个人生活体验这么简单，从华为公布的报告中可以发现，其对于推动供给侧结构性改革、激发产业活力、开启经济增长新周期的作用不容小觑。

“边云协同”，孕育边缘智能生态

如果说共享单车解决的是人们出行时的“最后一公里”问题，有效弥补了公共交通的空白，那么边缘计算就是解决了云

① 华为技术有限公司．全球联接指数 2018［EB/OL］．（2019－04－22）．https：//www. huawei. com/minisite/gci/cn/index. html？ic _source＝fii&ic _medium＝hwdc＃＃＃.

计算的“最后一公里”问题。上一部分已经解释了边缘计算的含义、作用和5G在其中做出的贡献，这一部分主要是解释边缘计算和云计算如何协同作用。

边缘计算和云计算的关系，并不是四肢和大脑的关系，而应当是大脑和终端小脑的关系。举个例子，在人体中，肢体的所有行为都是收到大脑的命令之后进行运作，假设你需要机械性地抄送一些文件，并对出现的错误进行修改，那么你的大脑会指挥你的工作全程，不能去思考别的事情，否则你将错得更多。而边云协同所构建的体系则不一样，你的四肢终端会有一个“小脑”，这个小脑负责控制你的手去进行抄送并对错误进行修改，而你的大脑却完全空闲，可以用于思考别的问题，两者互不干涉。低端机械性抄送和错误修改并不需要你机灵的大脑全程参与，这是一种资源的浪费，但我们人体组织解决不了这个问题，可对于网络系统来说，边云协同恰好可以实现对这个问题的完美处理。

过去大多数的数据分析都是在云端进行的，而随着边云协同的逐步推进，边缘计算分析将可以完成较低级别的数据分析，同时各个边缘计算平台也可以协作处理问题，这大幅降低了数据存储、传输和处理的成本。

首先是处理速度。边缘计算通常采用的是分布式的计算架构，不再需要将所有数据送回云端处理之后再返回来，因此计算实时性更高，延迟更短，处理速度更快。

其次是可靠性和安全性。互联网时代的信息泄露让不少人担惊受怕，每一个人在网络上仿佛都在裸奔。而边云协同的方式会将部分私密信息的处理下放到边缘计算平台，甚至不用连接云端网络，最大限度地提升可靠性和安全性，保护用户隐私。

再次是带宽要求。在原有的系统上，假设监控一台发电机的 100 个参数，每隔十分钟上传云端一次，那么每天单这一个设备就需要 14 400 个参数的数据量，而边云协同的方式则不需要云端具有如此大的数据处理能力，边缘平台满足自身所负责的设备的数据量就足够了。当然了，在物联网时代，每个平台所需要处理的数据也都非常庞大，这个问题依然是边云协同推进的障碍之一。

最后是层叠复杂问题。既要让边缘计算与云计算分开，又要让两者能够协同，因而切分好功能和范围非常重要。通常来说，云端学习，边缘执行是一个比较成熟的思路，云端是整个系统维护升级的关键，而边缘则是这些理念落实的关键。

当边云协同系统逐渐落成，它将形成一个完整的产业生态体系，包容了各有所长的企业组织，由它们各展所长，共同促进整体产业生态繁荣。

其中，最基础的环节就是边缘载体供应商，其中包括了硬件和软件供应商，这些企业的目标是形成边缘计算的硬件平台，我们可以将它们比喻成是目前通信设备的建筑工人。

上一环节就是业务运营商，也就是将平台作为核心产品，为各种集成厂商提供快速部署应用和服务支撑，收取一定的功能和运营费用，它们就相当于现在的移动、联通等运营商。

再下来一个环节就是服务提供商，它们主要针对最终用户提供物联网应用，运用前两个环节建立的基础设施和开发接口，创造出可以由用户应用的个性规划方案，我们将它们比喻成是现在一个个 APP 的开发者。

还有一个环节就是最终用户了，包括个人、家庭的物联网用户，同样也包含了采用这个系统的各行各业，未来随着超级互联网的渗透，这个环节的体量将会越来越大。

当然，还有个必不可少的环节就是产业服务机构，它们通常是一些科研机构、标准化组织和国际专业联盟，它们为了支撑整个体系而运行，为了体系的稳定发展而努力，它们致力于研究相关课题，推动业务合作，共同构建整个庞大而有序的产业体系。

5G 赋能智慧城市

人类进入 21 世纪以来，互联网的外延越来越丰富，智能化成为当前这个时代的符号。通信技术的快速迭代促进了人工智能、物联网、大数据等技术的发展，制造开始从自动化演变到智能化，机器人在许多领域越来越能代替人们来完成工作，此时的城市形态就应该是智慧城市。之所以称之为智慧城市，是因为这个时候的城市已经具备了感知、联系和对外部世界反应的能力，而不再仅仅是人群的生活空间，更是人群生活服务的提供者，并能够根据反馈提升服务质量。

与时俱进：智慧城市终登台

科技的进步和产业的发展让城市集聚了更多的优势资源，再加上城镇化的快速发展，城市规模越来越大，大量农村人口涌入一二线核心城市，三四线城市人口也开始向一二线城市转移，城市资源承载能力已经不堪重负。

国家统计局的数据显示，核心城市人口在近十年来大量涌入，2009 年上海外来人口仅有 541.9 万人，2018 年达到了 976.2 万人；2009 年广州外来人口为 467.8 万人，2018 年达到了 967.3 万人。其他几个核心城市包括苏州、北京、天津等，2018 年外来人口较 2008 年外来人口均上涨 100%。城市人口密度连年上涨，从 2008 年的 2 080 人/平方公里上升至 2018 年的 2 506 人/平方公里，而城镇人口数量预计在 2020 年将翻一番。

人口暴涨带来的交通拥挤、就医困难、环境污染等诸多问题逐步凸显，此时急需要智慧城市系统来优化城市运行流程，突破传统治理模式的弊端，使精细化、智能化运营城市成为现实需要。

技术是智慧城市得以运行的客观基础，而通信技术则是这个基础最底层的地基。目前，我国已经成为通信技术发展最快的国家之一，根据工信部发布的 2018 年 2 月份通信业经济运行情况，截至当年 2 月末，我国 4G 用户总数突破 10 亿，达到 10.3 亿户。此外，中国已经是全球规模最大的 4G 网络。

庞大的用户数量提供了大量的数据，为大数据的发展创造了良好的条件。5G 等通信技术的临近落地也让云计算、人工智能、AR/VR 等行业逐步成熟，这些都是创建智慧城市的技术保障。

除了技术基础以外，大量国家政策的出台也给智慧城市创造了良好的宏观软环境。2012 年，国家相关部门发布《国家智慧城市试点暂行管理办法》和《国家智慧城市（区、镇）试点指标体系（试行）》，正式将智慧城市建设提上日程。之后在 2012 年至 2018 年间，陆续出台《关于促进智慧城市健康发展的指导意见》《智慧城市技术参考模型》《智慧城市顶层设计指南》等多个重要文件，倾国家之力支持智慧城市的建设。

良好的宏观软环境也让不少微观企业投入到智慧城市建设事业中来，例如阿里的“城市大脑”、百度的“AI＋城市”等等，这些科技巨头在智慧城市事业中找到了利润空间和战略价值，也正是它们的努力才让智慧城市建设走上正轨。

从政府公开信息来看，在 2013—2018 年，智慧城市项目的中标数量已经从 2013 年的 12 个激增至 162 个，华东、华北、华中、华南地区占据了全国总量的 70%。然而，数量增长的背后依然隐藏着目前我国智慧城市建设存在的短板。

从数据上来看，近几年智慧城市建设成效显著，但群众获得感并不强。许多居民并没有体验到所谓的“智慧”带来的好处，这种城市改进也并没有对他们的切身生活提供一些实质上的改变，尤其是许多并不常用手机等电子设备的中老年人；同时，大量的用户数据并没有得到系统的处理，“信息孤岛”效应依然存在，数据变现仍然任重道远；另外，智慧城市的建设对基础设施的要求较高，使得地方政府财政压力增大，没有很好地利用社会资本的力量，而且，许多地区缺乏整体规划，大量项目建成后空置，造成了严重的资源浪费。

当然了，智慧城市建设仍处于探索期，遇到这些问题也是正常的。

我们可以着眼世界，寻找到一些值得我们学习的榜样。著名咨询公司罗兰·贝格发布了 2019 智慧城市战略指数，其中奥地利维也纳、英国伦敦、加拿大圣阿尔伯特名列前三名，三者基础设施得分均接近最高分，可见基础设施在智慧城市建设中非常重要。同时，三者规划得分也名列前茅，这证明智慧城市这个庞大的系统需要具有前瞻性的顶层设计和精细化的细节管理。另外，三者在利益相关方面的得分同样较高，这就说明统筹安排好所有利益相关主题，规划好利益分配，充分调动社会资金的积极性也是智慧城市建设的驱动力之一。通过对比可以发现，除了以上几项以外，三者得分均呈现各自的差异性，这说明智慧城市建设要充分考虑地区异质性，因地施策，基于自身客观条件进行针对性规划建设。

以人为本：让群众成为城市主人

习近平总书记2019年在上海考察时曾指出，城市是人民的城市，城市建设更要以人民为中心。

1. 要让群众参与到城市规划中来

世界建筑大师格罗培斯曾经用一片草地为迪士尼找到了最适合游客游览的道路。任何人都不会比被服务者更明白如何改进，越接近群众和用户，越了解怎么满足他们的需求。

每一位群众对于城市规划都有自己的看法，打一辆的士，听一听司机的看法，你会明白道路安排哪里还需要改进；逛一逛公园，听一听老人们的看法，你会明白绿地在哪里还应当增加；转一转校园，听一听学生的看法，你会明白学校适合坐落于哪些地段。

因此，以人为本，就是要倾听群众的声音，让决策离群众更近。

智慧城市可以采用 AR/VR 技术还原城市规划过程，向群众展现完整的市区全貌，对于每一条新开通的铁路、公交线路，都可以在分布于城市各个地方的规划体验平台征集民意，群众可以来到这个平台，戴上 VR/AR 设备，切身作为一个城市规划者提出自己的看法，平台将会收集民意，并实时反映，最终生成报告推送到政府有关部门，而有关部门在规划时则会充分考虑这个报告结果。在路线落成之后，城市规划平台也会将政府的考虑反映在虚拟场景里，让群众能够理解政府决策的原因，从而让群众明白政府的用心，树立政府为了人民的形象。实际上，让人民成为城市的主人，并不是指所有决策都由人民决定，而是人民有权利影响决策，并且在规划确定之后知悉原因。

2. 要让群众享受社区生活

社区是构成城市的最小“细胞”，也是居民与城市连接的载体，智慧社区是以社区居民为服务核心，利用物联网等一系列信息技术为居民提供更安全、高效、舒适的居住环境，更好地切合人们对于美好生活的向往。

拥有一个专属管家，是每一个人的梦想，而智慧社区将会让每一个家庭都拥有一个属于自己的智能管家，这个管家可以作为 APP 嵌入用户手机，用户可以用手机完成快捷报修、物业缴费、投诉建议等等。一直以来业主委员会也是一个非常尴尬的存在，众口难调，无法代表广大居民的利益是他们饱受诟病的地方，智慧社区可以实现实时视频参会，让每一个家庭都可以派出代表，更好地行使自己的权利。

除了用户端以外，物业端的智能管理同样重要。物业端可以通过用户端的信息分配维修人员，并且可以在多数设施上面加装感应器，借助物联网掌握设备的运行情况，实现电子巡查；物业还可以对自己的员工施行考勤管理，绩效评估，并且结合用户的评价来进行业务水平评定，提高效率，更好地提供让用户满意的服务。

智慧社区也不仅仅包括居民所居住的一亩三分地，外延还包括社区周边医院的智慧医疗系统，学区内的智慧教育，社区与养老院共建的智慧养老等等。日本三菱地产公司测试了所谓的“无微不至服务”，它可以自动识别需要帮助的人（例如迷路，或者身体不适），以及向该地区安保人员手机及时发送通知。社区与社区、社区与城市之间的边缘会越来越模糊，区域性的智慧升级将会逐步演变成整体的智慧化。

基建先行：万物互联让基础设施“活”起来

1. 智能仪表：远传表让城市告别手抄表时代

随着城市居民越来越多，水、电、气的供应等必需生活服务需求越来越大，相应的水表、电表等仪表规模也越来越大。

根据中金公司研究部的数据，目前年均水表出货量高达 9 000 万只，电表可达 8 000 万只，燃气表突破 3 500 万台，热量表也已经超过 800 万只。如何把这些仪表变成智慧远传表已经刻不容缓。

智慧远传表主要包括表本身、采集器、集中器、中继器等，通过一系列感应器和数据传输，将表的实时数据回传到收费机构，这实际上已经将仪表并入了物联网，表上的数据也可以即时反映在用户的水电 APP 上，让他们可以掌握自己的水电消耗情况，更好地进行资源分配。同时，远传表也给“多表合一”创造了条件，避免了各种类别仪表的重复安装，也给用户提供了方便。

2. 智能停车：智慧城市根治大城市病

人口规模的膨胀和人均收入的增加让城市机动车数量骤增，根据公安部的数据，截至 2019 年底，全国 66 个城市汽车保有量超过百万辆，私家车保有量突破 2 亿辆，全国汽车保有量达 2.6 亿辆。与此相对应的却是停车位的短缺，发达国家的普遍车位配比是 1∶1.3，而在我国所有城市均低于这个比值，大城市车位比平均值为 1∶0.8，小城市则更低，为 1∶0.5。“停车难”成为了典型的“城市病”之一。

智能停车可以从以下两个角度入手，解决停车难问题。

第一个角度是站在供需角度，增加车位供给，以缩小供需缺口。当前，大多数停车场还依然是由司机本身进行停泊，这就要求停车场的车位大小、位置等都需要便于驾驶让位，而这实际上造成了很大的空间浪费。智能停车可以建立智能立体车库，车主只需要将汽车停在一个固定的停车位上，之后会由智能泊车机器人将车辆送到立体车库中的指定位置。这个时候，车与车之间的距离可以变得很小，大幅提高了空间利用率，有效增加了车位供给。

另一个则是站在时间角度，缩短车辆与车位的匹配时间。目前，车主停车还是依靠在周围道路兜兜转转，寻找空余的停车位，这既浪费了车主的时间，也不利于车位这种稀缺资源的高效配置。智慧停车可以在每一个车位上安装感应器，再通过云数据处理发送到每一个汽车终端，实时提供周围空余车位情况，引导汽车快速寻找到车位。同时，为了让稀缺资源更好地满足停车更紧迫的车主的需求，在不同时间段、不同地段还可以实行动态定价，借助价格机制实时调整供需关系。旧金山已经开始应用这种停车位搜索和动态定价机制，数据显示，因该机制车主寻找车位时间减少了 43%，到达车位行驶距离减少了 30%。

除了寻找车位的时间，停车过程本身也非常耗费时间。当前，许多城市的停车位还需要人工收费，汽车往往需要停下来进行缴费程序，后面的车辆也会因此造成拥堵。智能停车将实现无感支付，通过手机端和汽车端的连接，实现车辆离场在手机端即时扣费，闸口自动放行，提高停车效率。

3. 智能城建：智慧城市赋予建筑新生命

在我国城市建设中，商品房结构性供需不足是目前房地产市场的重要问题之一。各地政府均在通过调整住宅供应量、增加政府性公租房等供给，降低城市居民居住成本。然而，因为存在数据孤岛，从征地到环评，再到审批许可和最后的建筑，环环脱节，政府难以把握住宅建筑的全过程，无法统筹兼顾，让一系列住房措施推进困难，也造成了许多“烂尾楼”项目出现。

智慧城建可以将一系列的审批、设计等程序整合到一个系统中，打破信息壁垒，这样政府可以施行更为科学的顶层设计。比如，智慧城建系统可以包含行政审批子系统，完成土地在线征收、审核、网上招标等程序，实现城市域内各地区间土地资源的合理分配；建筑市场管理子系统可以在所有建筑公司中统一比价，增加市场竞争，更容易匹配到最安全、效率最高的建筑团队；勘察设计管理子系统可以将一系列施工图纸审查备案，这个系统还可以和建筑系统相关联，监督建筑全过程。除了这些以外，还有房地产开发子系统、园林绿化设计子系统等等。这一系列看似分门别类、实则紧密相连的子系统共同构成了智慧城建的整体系统，降低了政府规划的难度，增加了城建的透明度。

智慧城建除了对整体的城建体系有帮助以外，对于细分行业的转型升级同样有着巨大的作用。

以房地产业为例，它是智慧城市的核心所在，但一直以来，该行业的技术革新都是非常迟缓的，尤其是与金融等行业对比。智慧城建所能实现的智慧房地产可以从以下几个方面对房地产业进行“重塑”。

从施工方面来看，建筑业是一个危险系数较高的行业，安全生产是第一要务。通过给每一个员工配置可穿戴设备，可以掌握员工的施工情况，既可以约束其按规章、条例施工，还可以保障他们的生命安全，在出现意外时及时发现，尽快采取措施。而且，借助 5G 等通信技术，可以将物联网科技应用于施工领域，采用无人机等设备代替建筑工人从事一些高危工作。

从建筑本身方面看，智慧城建将让建筑也具有自己的大脑。比如腾讯的滨海大厦，就是一栋典型的智慧建筑，在这栋建筑中，有 1 000 台以上的摄像机，可以看到这个建筑的任何角落，实现了真正的全视角监控；有 17 000 台以上的智能传感器，这就意味着在这所大厦的任何地方出现任何意外，都可以迅速发现，得到及时的处理；有 500 台以上的人脸识别一体机，告别原有的打卡系统，实现对员工的智能管理；复杂的建筑结构匹配了 8 000 部以上的 iBeacon 室内导航坐标，通过智慧引导为楼内的工作人员指路；除此之外，还有 5 000 部以上的智慧灯具、1 000 个以上的智慧网关等等。

这一系列智能设备通过物联网、人工智能等科技在 5G 通信技术的基础上有机联系，串联起整个建筑的硬件、应用、服务，赋予建筑综合协同的智慧能力。

节能环保：智慧城市更是绿色城市

人口的增加和工业化的推进，让城市面临的环境压力与日俱增。城市的发展速度已经开始渐渐逼近城市本身资源环境承载力的极限。住建部的数据显示，中国污水年排放量在 1978 年为 150 亿立方米，到 2017 年已经逼近 500 亿立方米。中国生活垃圾清运量在 1979 年为 2 500 万吨左右，而 2017 年已经超过 20 000 万吨。推行节能减排，减少人们给城市带来的污染已经成为我们必须要考虑的事情。

智慧城市可以在城市安装多个感应器，实时监测城市的空气和水质量。可能会有人说，这种环保只是反映一个环境现实，并不能降低污染。其实，情况并不是这样的，北京通过密切跟踪污染情况，可以在很短的时间内发现污染源进行监管处理，在一年内将致命污染物含量降低了 20%。这些环境数据还可以作为资讯在居民手机端呈现，让大家了解环保的形势，并督促市民积极践行节能环保。

那么，我们已经产生的存量垃圾要怎么处理呢？我们一直认为，垃圾并不是无用的东西，它是另一种资源。智慧城市将会采用物联网和人工智能技术通过机械化的手段归集垃圾之后，智能分类，针对性回收，充分挖掘垃圾的价值。

除了环保方面，节能方面智慧城市也可以发挥作用。在之前的章节我们提到，5G可以实现馈线自动化技术，优化能源行业，这一点在城市中也可以充分应用，降低能源损耗；智慧城市还可以安装智慧路灯等设施，实时感应路上行人的人数和周围光强度调整路灯亮度，以起到节能的效果。

根据麦肯锡公司的数据，智慧城市将能够将城市污染物排放量平均降低10%～15%，温室气体排放量降低6%。智能电网和实时能源监控，将减少城市15%的能源消耗。

许多地区的智慧城市案例也印证了上述作用。阿里巴巴城市大脑项目，帮助北京市通州区实现实时空气污染检测，有效提高了通州区的空气质量；纽约广场的197个智慧垃圾站回收了40%的公共垃圾，将回收时间减少了50%；巴塞罗那的智能水系统每年为城市节省5 800万美元等等。

安全第一：多力量协同保障城市安全

我国于2005年启动的“3111工程”、2007年启动的“天网工程”、2016年启动的“雪亮工程”等都是旨在建立更为完善的监控系统。2015 年 5 月，发改委等九部委发文指出，要在 2020 年基本实现所有城市“全域覆盖、全网共享、全时可用、全程可控”的公共安全视频监控网。

受到设备条件和通信技术的限制，当前许多地区的监控安装还不够密集，许多小巷存在盲区。同时，现有的监控也往往视频质量较低，视频文件调取困难，容易被破坏，这给公安机关办案带来了不小的麻烦。

智慧城市可以充分利用物联网技术，在城市各个地方设置监控探头，杜绝视觉盲区，让一切违法犯罪都无处遁形。5G 技术可以保证 4K 甚至是 8K 超清视频录制传输，提高视频质量。物联网附带的区块链技术可以保证视频传输不会被破译，保留原始证据。而且，现有监控更多的是对违法犯罪行为“视而不见”，而 AI 技术可以让监控智能识别犯罪行为并即时报警，这个报警信号经由警网传输到公安机关，可以迅速调动警力，遏制违法行为。

另外，这些数以万计的“眼睛”还可以同时行动。我们经常在警匪片中看到，警察需要调取许多地区的监控，用肉眼去搜索犯罪嫌疑人的踪迹，而智慧城市所设立的 AI 监控可以迅速识别犯罪嫌疑人，借助物联网技术与其他监控建立联系，构成一个实时定位的监控网，让犯罪嫌疑人的一切行为暴露在警方面前。

监控系统对于安防来说是非常重要的，比如南美国家厄瓜多尔使用国家公共安全应急指挥中心系统，建立了更为密集的摄像机网络，降低了 24%的犯罪率，在拉美地区治安状况排名从第 16 位跃升至第 4 位。

更快的应急响应也是智慧城市的优势之一。当紧急情况出现时，智慧城市系统可以迅速通知相应的急救、消防、公安等部门，道路红绿灯也会根据统一安排为相关车辆放行。同时为了避免事件对于周围群众生命安全的影响，紧急事件情况通报会推送到周边一定范围内的群众的手机终端，让他们避开相关道路、区域。麦肯锡研究院的数据显示，智慧城市可以帮助城市应急响应时间缩短 20%～35%。

高新技术的多元融合，还可以使警方更接近事实，快速破案。

比如，云计算技术可以对之前的 AI 监控系统数据进行分析挖掘，给断案提供更多细节信息，提升了效率，也提高了准确性；生物识别技术可以基于人们的固有特征，比如人脸、虹膜等鉴定身份，警方可以借助这个技术将涉案人员与现有嫌疑人库进行比对，迅速锁定嫌疑人目标，降低人为失误造成的影响；大数据＋AI 案情分析，可以通过案例大数据库由 AI 进行机器学习，之后基于现有案情的线索迅速与之前的相似案情进行比对，提供适当的追查建议，用数据和案例辅助警方进行决策等等。

信息时代的信息安全已经成为最值得关注的问题之一。数据显示，2018 年国家互联网应急中心（CNCERT）通过自主捕获和厂商交换获得的移动互联网恶意程序数量高达 283 万余个，同比增长 11.7%，而这个数据在 2011 年还不到 20 万。在这些恶意程序中，流氓行为、资费消耗、信息窃取等占据比较大的比重，对于信息安全造成了极大的威胁。

同时，我们整个智慧城市都建立在信息网络之上，正是信息传输才将整个城市的硬件、应用等有机联系在一起。如果这个系统被不法分子入侵，那么道路上的车联网将会受到影响，能源供应、公共医疗都会陷入危险。因此，在智慧城市时代，信息安全尤为重要。

因此，智慧城市必须要采用智慧网络的方法提高信息安全等级。

智慧网络将采用区块链的运算方法，所有信息传输过程无法写入、修改，杜绝了个人信息被泄露和篡改的可能。对于整个系统来说，智慧网络将会实现近似于馈线自动化的方法，在各个重要系统节点设定网关，当某一路径受到破坏，关联环节迅速切断联系，进行信息封闭，精准定位危险网络区域并进行排查，防止病毒蔓延。

实际上，智慧城市的发展是一个智慧渗透的过程，目的是让城市转变为一个整合、高效、开放的生态系统，有机整合交通、农业等各个产业，融合了生产市场和消费市场，其早已突破了原有的城市形态。曾经的工业化城市、机械化城市都可以说是城市的一种发展理念，而智慧城市则是对于传统城市的重塑。智慧城市绝不是所谓的“智慧”＋“城市”，它并不是要用科技给城市带来改变，而是让科技真正融入城市，让城市本身变得智慧，从而让智能内化到未来城市发展的方方面面。

新兴产业风起云涌

2018年10月31日，习近平总书记在主持中共中央政治局第九次集体学习时，针对人工智能发展现状和趋势强调，人工智能是新一代科技革命和产业变革的重要驱动力量，加快发展新一代人工智能是事关我国能否抓住新一轮科技革命和产业变革机遇的战略问题。

5G＋AI，共建网络智能化

工业1.0是机械化时代或者说是蒸汽时代，工业2.0是电气化时代，工业3.0是信息化时代，那么即将到来的工业4.0就是智能化时代。这场由人工智能主导的产业革命将会彻底改变现有产业组织和发展情况，重塑经济发展新动能。

可以说，人工智能就是引领这一轮科技革命和产业变革的“头雁”，在 5G 技术加持下，结合大数据、边缘计算、物联网等多项附属技术，将会呈现深度学习、跨界融合、人机协同、群智开放、自动操控的新特征。人工智能技术我国已经走在了前面，而在 5G 领域，我们更是排头兵，双擎驱动，共同为我们赢取全球科技竞争主动权。

首先，先说数据。AI 并不是神仙，与生俱来就会各种智能化操作，它的大脑是建立在庞大的数据之上的，通过大量的数据它才能够通过机器学习的方法学会技能，在面对一系列情况时找到相似的数据进行匹配，进而采取反应。未来覆盖面更广的电信网络、物联网设计的更多设备以及后续的一整套业务系统都将产生大量的数据，而 5G 以其高速度、大带宽的特性将会给 AI 的学习提供良好的基础，保障 AI 系统的智能性和准确性。

其次是对这些数据处理的能力，也就是算力。如果仅有数据是不行的，这就像你有种类繁多的食材但是不会烹饪是一样的。巨大的数据量就要求强大的算力支撑，再加上即将建立的众多边缘计算平台，5G 技术将能实现在高准确性的基础上大数据高效运算，这为 AI 产业提供了充足的算力资源。

有了硬件能力之后，就要学会处理数据的方法，也就是算法。繁杂的独特性算法将会给 5G 网络带来无用的负担，而 AI

所具备的深度学习能力将可以不依赖于高度技巧性的特征来提取信息，这就意味着可以通过通用的 AI 程式完成不同种类的数据分析计算，这也是两者协同作战的好处之一。

还有一些因 5G 与 AI 结合才能实现的尖端技术。我们可以举几个比较典型的例子。比如 AI 波束管理，5G 网络所采用的波是毫米波，毫米波的传输速度很快，效率很高，但缺陷在于容易衰减。而 AI 技术应用其中可以对 AI 波束进行管理，快速适应移动变化，指向精度高，提升信号覆盖率和强度，同时也可以最小化同频干扰，提升基站性能。还有大名鼎鼎的网络切片技术，AI 技术可以实现网络切片配置自动化，也可以在切片出现故障时自动恢复，对网络切片进行优化，从而更好地形成完整的逻辑网络。

最后就是智能网络的应用。一直以来，AI 难以普遍应用的原因就在于其无法网络化。当 5G 网络与 AI 相结合，碰撞出的火花是让人兴奋的。其将会衍生出的应用场景主要包括网络故障报警应用（包括网络健康分析、网络故障定位等）、网络性能优化应用（包括流量优化和拥塞防控、基于人工智能的网络节能、无线网络覆盖和容量优化）、网络模型分析应用（热点事件分析预测、用户移动模式分析）和网络部署管理应用（网络服务优化部署、智能化网络切片编排管理等）。

在这里需要明确一个概念，究竟什么是网络智能化？机械化和智能化最大的区别就是意图性，机械化和现代化的意图是人赋予的，完全按照人的意图进行运作，而智能化的最终意图虽同样来自人，但直接意图则是系统自己学习生成的。所以，网络智能化的目的是建立一个具有意图的网络，这也就是目前一个比较火的名词 IBN，即 Intent - based Network。

简单来说，5G 网络中的中流砥柱 SDN 是专注于如何高效处理网络中的基础设施，而 IBN 则是如何让网络更好地形成直接意图，并达成人的最终意图，两者有机结合在一起，就能使“思想”和“身体”保持高度一致，“心理”和“生理”达成高度一致。

这种结合最终将形成一个规建唯优闭环，主要包含几个关键点，这些关键点共同作用将实现整体网络系统的智能运维和自主演进。从基础网络方面发射大量的数据，当万物互联成为现实之后，该数据量会更大。这些数据会分为离线数据和实时数据两类，离线数据将会被输送到云端，云端包含 AI 模型库，其功能就是 AI 的训练场，负责对 AI 的技能进行培训。之后经过培训后成熟的 AI 技能将会被输送到 AI 模型核心，这也是整个系统能够自主演进不断革新的关键所在。这个核心已经具备了所有经千锤百炼之后的数据分析技能，它会接收由基础网络发射的实时数据并进行即时处理，经过 AI 推理对基础网络进行闭环控制，整个过程中，所有错误都将作为历史数据导入 AI 模型库用于学习案例，从而实现智能运维。当然了，这仅仅是一个较为笼统的闭环，内部的 SDN、边缘计算平台等都未详述，目的只是让读者能够明白智能网络体系是如何“聪明”起来的。

5G+AR/VR，天涯咫尺可期

AR/VR 究竟是什么，前文已经详细介绍过了，这里就不再赘述。我们直接来说一说这个资本市场的“香饽饽”到底有多诱人。

华为无线应用场景实验室和市场研究公司 ABI Research 的调查显示，AR/VR 产业在经过了 2015—2018 年的缓慢上升之后，在 2019 年步入指数爆炸上升期，预计到 2025 年，总收入将达到 4 500 亿美元。

从设备生产方面来看，目前 VR 设备还是以依赖移动设备的低成本 HMD 为主，不过升级版移动设备（比如谷歌 DayDream 等）和一体化单机 HMD 也在 2018 年开始迅猛发展。综合 VR 设备出货量在 2018 年已经接近 1 亿台，预计到 2025 年，整个 AR/VR 市场将达到近 3 亿台设备，其中 VR HMD（头戴式显示器）约为 2.5 亿，智能眼镜约 5 000 万。

AR/VR 发展的第一阶段，也就是目前这个阶段，主要以无需联网的本地闭环为主。比如广泛应用 VR 技术的游戏领域和视频播放领域，依然停留在全景视频下载、本地渲染和动作本地闭环的阶段，终端设备按照制式“单打独斗”是最典型的特点；初步应用的AR技术也仍是以2D为主，方式也是图像和文字在本地端简单叠加。其连接需求主要以Wi-Fi连接为主，目的也更多的是下载后离线使用，所以网速要求并不高，50ms时延的4G网络已经足够满足。

下一阶段，也就是我们即将迈入的阶段，不少先驱者已经先行入局了。在这一阶段中，云端的作用开始逐步展现，基于云的动作处理和基于动作本身的适当现场图像（FOV）将会逐渐成为主导。这个时候，上一阶段不变的制式将能够适当地随机应变，这一切的前提就是要有一系列的感应器，包括外部摄像头或者是植入式视觉等等。当VR体验能够与真实世界、与动作相联系，沉浸式体验、互动式模拟和可视化设计将会逐步成为现实。而AR方面也可以从简单的2D向3D实景AR蜕变，全息可视化连接会是未来的发展方向。上一阶段的特点用一个字来总结就是“定”，这一阶段就可以用“变”这个字来概括。为了能够保证变化，就需要感应器等实时回传数据，经计算后及时回馈，这对网络提出了更高的要求，要想真正达到这一阶段，需要网络速率达到40Mbps，时延达到20ms。

最后一个阶段，就是让人们可以切实地感受到真实，云端在其中的作用将占据主导，因此这一阶段也可以称为云AR/VR的开端，也将是AR/VR正式“列装”、全面应用的开始。

在这一阶段中，云辅助 VR 正式进化为云 VR，与第二阶段一样是动作云端闭环，但比第二阶段升级的是：相应的渲染等也都将是云端闭环，从而达到实时渲染。AR 也将会逐步演变成 MR，由增强现实变成融合现实。这个阶段的数据传输要求更高，为了能够达到难以区分虚拟与现实的地步，清晰度也需要达到 8K。因此 5G 在这里将大展拳脚，网速预计需要 100Mbps～9.4Gbps 不等，时延需要低于 10ms。

上一部分已经说过，在第一阶段和第二阶段，视频主要是通过 4G 网络或者 4.5G 网络传输，因而清晰度最高也只能达到 4K，30fps 水平，虽然帧率已经非常高了，但是仍然无法达到“以假乱真”的地步。而 5G 技术，尤其是结合混合云计算和视网膜凹式渲染之后（人和大多数灵长类动物的视网膜都是凹式结构），则可以实现 8K 超高清视频传输，帧率可以达到 90fps。

当然了，这也是得益于 5G 的超高网速，高频段的毫米波可以将网速上升到 Gbps 的水平，为超高清晰度所要求的数据量保驾护航。真实还有一个要求是需要更低的时延，任何脱离即时性的清晰都是更像真实的虚假，5G 技术可以实现低于 10ms 的超低时延，这也是让体验更加真实的保障之一。

5G 也可以让体验更稳定。当前网络连接大多都是基于 Wi－Fi,可能你也或多或少抱怨过时不时的游戏掉线，偶尔的视频卡顿，可见，现有连接难以实现稳定、可靠的上网体验。断连应该是比时延更让人恼火的事情了，强劲、稳定的信号是AR/VR服务质量的体现。依然以Wi-Fi为主的无线连接是断然不行的，只有5G这种微基站模式才可以满足未来AR/VR对于信号稳定的要求。

5G+交通，车路协同助力智能网联

对于车联网，本书下一章节也有涉及，但两个章节的侧重点不同。本章主要站在产业角度，分析因5G技术支撑而蓬勃发展的车联网所引致的整个产业体系，而下一章则主要站在消费角度，分析车联网将会给人们的消费和出行方式带来哪些变化，还请读者注意。

1. 政策技术共同培育产业

自从2016年9月工信部发布《中国智能网联汽车技术发展路线图》之后，车联网行业正式步入政策红利期。后续国家发改委、工信部、交通运输部等先后在2017年4月发布《汽车产业中长期发展计划》等方案，这些方案引导汽车产业逐步提高智能化水平，加强智能交通基础设施建设，正式将传统汽车产业带入智能化发展轨道。

此后，工信部牵头接连发布了《智能网联汽车道路测试管理规范（试行）》《车联网（智能网联汽车）直连通信使用5 905～5 925MHz频度管理规定（暂行）》，逐步探索车联网行业的管理方式和制度安排。可见，发展智能网联汽车行业已经成为有关部门的重要关注点，而一系列的政策落地也为该行业的发展规划了路线，减少了障碍。

相关产业政策为车联网发展创造了良好的软环境，而 5G 技术则给车联网提供了强大的硬实力。

车联网本质上也是物联网的一种，同样是一个必须建立在 5G 万物互联特性上的行业体系。5G 技术激活了每一个终端设备，实现了设备之间的沟通，减轻了云端的压力，缩短了命令与执行之间的时差，这是建立汽车对汽车（V2V）、汽车对设施（V2I）通信的基础，也是车联网赖以为生的根本。

同时，精准的自动驾驶技术需要建立在详细的周边环境数据和信息上，这就要求智能交通基础设施要包含充足、完备的传感器体系以提供实时数据，之后通过快速通信、即时分析决策进行反应，这一系列复杂的操作都需要 5G 微波通信、超大带宽、超低时延特性辅助，以及边缘计算、人工智能加持。可以说，5G 技术保障了车联网系统的运行效率和稳定性，是保证车联网能够应用的技术基础。

2. 需求放量催化产业增长

ADAS（高级驾驶辅助系统）智能化组件是车联网的大脑，其包含了自适应巡航（ACC）、车道偏离预警（LDW）、自动紧急制动（AEB）等近 15 个核心组件，包含了车距控制、干预制动、红外成像等多个重要功能。整个系统预计在 2020 年新车装配率将达到 50%。2017 年该领域市场规模已经达到 421 亿元，预计在之后的五年内，年均复合增长率将高达 27.8%，国内市场规模将扩增至千亿人民币，高盛预计 2025 年 ADAS 市场规模将达到 275 亿欧元。

另一个需求点就是高精度地图。跟随地图导航结果车辆陷入沟里、导航路线在海里等趣闻经常出现在新闻里，这是因为目前的地图精度可能 10 米都难以达到，更新频率更是慢得可怜。而想要实现车联网的自动驾驶，地图的准确性和实时性就变得非常重要，因地图错误极有可能导致交通事故的发生。可见高精度地图在未来将拥有非常广阔的市场前景。据高盛预计，2020 年高精度地图市场将达到 21 亿美元。整个产业包括传感器、制图商、云计算等细分行业，基于硬件提供地图服务将是该行业的主要发展路线。

还有一个不能忽略的需求增长点就是自动驾驶系统。智能驾驶舱是实现无人驾驶的重要载体，其中包含了中控、仪表盘等模块，预计 2020 年该领域综合规模将达到 900 亿美元，细分领域规模例如液晶仪表盘预计可达到 91 亿美元。

3. 车路协同重构交通理念

传统的车与道路的关系是完全分离的。道路依据城市规划建立，车与道路只有物理上的摩擦关系，一切操作都是基于人对于道路的认知，车只是作为一个“无脑”工具，任人摆布。车和车之间更没有任何联系，当然了，当驾驶者的意识出现偏差，偶尔出现车与车的“亲密接触”也是无法避免的。这种完全隔离的车路关系，让人成为一切意外的承担者，但人的能力终究是有限的，这就使得道路拥堵、交通事故成为了城市每天都在发生的事情。

智能网联汽车倡导的车路协同关系则是在车与车之间、车与人之间、车与路之间、车与云之间均建立有效的智能信息交换共享，从而实现辅助智能决策、协同控制等功能，在初步实现辅助驾驶之后最终实现无人驾驶，这也是智能交通的雏形。

实际上，这种智慧交通的构想正在逐步成为现实。例如，我国正在建设的杭绍甬高速公路（经宁波、绍兴、杭州，止于杭州绕城高速），是我国第一条支持自动驾驶技术的高速公路，将全面支持自动驾驶、自动流收费、电动车续航等，预计在2022年建成通车。目前，已经将物联网技术应用于交通领域的案例还依然停留在智能交通的某个方面，无法称之为是一个系统，例如日本的智能停车场、新加坡建立在卫星通信基础上的电子道路收费系统ERP等。

5G+物流，“物找人”替代“人找物”

经济的发展和人均收入的增加，让消费成为动力强劲的

“三驾马车”之一。消费自然促进了商品市场的繁荣，也让物流需求骤增。传统物流效率低、成本高、服务质量参差不齐的问题迅速暴露，智慧物流蓄势待发。

智慧物流究竟比传统物流智慧在哪里？接下来我们用管理会计经常用到的改良波特六力模型①来阐述。

供应商议价能力：在智慧物流中，设备和技术的供应都属于高端科技，因而技术供应商较少。而在传统物流中，科技含量较低，基本没有技术供应商，因而技术升级缓慢。

卖方议价能力：在传统物流中，中通、申通等各种“通”把消费者搞得晕头转向，几个快递要跑多个不同的配送点，虽然这提高了市场竞争程度，但是产品的差异给消费者带来了不便，同时多个物流公司的重复建设，也造成了大量的资源浪费。而智慧物流则将会带来前所未有的服务透明性和便捷性，服务差异会越来越小。

互补者议价能力：5G 的万物互联打通了原有产业间的客观壁垒，智慧物流行业将可以较容易地实现与其他产业的互利合作，例如物流＋家政等等，而传统物流想要实现跨行业合作则非常困难。

同行业竞争力：几家传统物流公司目前还没有明确的服务

---

① 改良波特六力模型就是在原有的五力模型基础上加入互补者的议价能力。

分工，产业也没有实现明确的需求划分，这也是造成重复建设的原因之一，而智慧物流则可以借助大数据和人工智能达到消费群体的划分，各司其职，提供更多样的服务组合。

新加入者的威胁：传统物流行业准入门槛较低，这也是造成行业鱼龙混杂，管理制度不完善的原因。智慧物流属于资本和科技密集型产业，进入门槛较高，能够实现更高质量的管理和运营。

替代品的威胁：很明显，智慧物流就是传统物流最大的替代品。

六个方面综合来看，传统物流与5G结合走向智慧化是大势所趋，也是该行业升级发展的必由之路，智慧物流将会让传统物流脱胎换骨。

在物流行业高增长的情况下，需求结构出现了巨大的变化。钢铁、煤炭等生产资料的物流需求增速进一步放缓，进出口贸易开始转型，经营性仓储面积下降明显，而以电商物流、冷链物流等消费物流为主力的需求却保持着非常高的增长速度。[①]如今消费物流已经可以和生产物流平起平坐，智慧物流将如何为两者分别助力呢？

① 申万宏源研究所．智能物流系列深度报告二：电商快递智能物流投资正当时[EB/OL]．(2016-03-07)．https：//doc.mbalib.com/view/b345102316ff13ce0c4a76a6aef9f347.html.

1. 工业 4.0，智慧物流为生产物流升级

以往工业产品的整个生产过程中，仅有 5%的时间用于加工和制造，剩余 95%的时间均用于储存、装卸、等待加工和配送。在工业 4.0 场景下，产品周期进一步缩短，生产节奏加快，时间价值变得越来越重要。此时，智慧物流将会给工业 4.0 再助一把力。

生产物流往往路线较为单一，收货方在一段时间内都不会产生频繁的变化，而且，时间在工业生产中尤为重要。这些看起来是限制，但实际上却是智慧物流无人机配送得天独厚的条件。智慧物流可以借助物联网，以及之前提到的车路协同系统，在固定的配送线路上应用无人配送技术，降低配送成本，提升效率。

2. 电商时代，智慧物流带来销售物流革命

近几年，“双十一”的淘宝交易额每每都会登上热搜榜，它昭示着电商时代已经彻底改变了人们的消费习惯。传统零售一直以来遵循的线下规则已经落伍，线上销售模式目前已经成为人们更热衷的方式。

电商时代，消费者通过智能手机等终端完成一系列购物行为，物流系统要将每一个货品分别送到消费者手中，物流路线变得极为复杂，频率更高，也难以预料。而且，消费者会更加看重送货时间。据统计，如今送货延迟在所有电商客户投诉中

大约占到了45.6%。

此时，急需要建立智慧物流系统，在各个地区建立智能分拣站点，通过大数据合理安排配送路线，快速匹配货品与客户，提升客户体验。

智慧物流下一步的发展方向现在看来比较明晰了。

硬件方面，分布更广泛的智能化物流配送中心是满足暴涨的物流需求和更高的配送要求的关键。因为智能化的物流配送中心可以有效归集周围地区的快件，并根据当地情况匹配运输路线和人力，大幅提升物流效率。数据显示，配送中心的建立将能够提高物流配送率至少20%。[①]

软件方面则主要是先进技术和服务平台。5G可以助力大数据技术释放更大的能量，为合并物流服务，促进行业分工贡献力量；人工智能、物联网技术则可以助力车路协同系统，在条件允许的情况下，在特定配送路线上实行无人送货；人脸识别、机器学习则可以优化服务平台，让消费者操作更简洁，取件更方便。

智慧物流还必须借助5G“上云”，促成仓运配一体化。

传统的物流配送以人工分拣为主，存储为辅，是典型的“人找货”模式。作业人员需要穿越仓库调取分区域的货品单，

---

① 海通证券．智能物流专题Ⅲ：消费物流：去繁从简，智能先行［EB/OL］．(2016-03-25)．https：//max.book118.com/html/2019/0620/5031333101002100.shtm.

查询物品后去特定位置分拣。即便是现在已经较为普遍应用的电子标签、PDA 等技术，还依然停留在缩短人去寻找物的时间，而并没有根本改变这个模式。

智慧物流则彻底改变了人与货的关系。比如亚马逊配送中心广泛应用的 KIVA 机器人。每一个货物都有自己的感应器，当 5G 得到广泛应用之后，更庞大的无人分拣网将会很快建立。KIVA 机器人可以收到货物的信息，之后自动进行分拣，按人设定的要求进行有序堆放。当作业人员需要某些特定的物品时，机器人将会自动去寻找，将货架托起交送到工作人员手里，极大地减轻了人们的工作压力，也提升了效率。

同时，5G 实现的智慧物流对于物流园区最大的改变，就是让园区完成从“被动型传统管理”到“主动型智能管理”的巨大转型。人员、车辆、生产、安防、运维是园区的五大要素，而 5G 将会带来五位一体的颠覆性改变。

人员方面，在庞大的物联网下，借助人脸识别等技术，每一个员工可以实现无感打卡，在园区内可以做到员工实时位置追踪和工时统计，完成对劳动力全方位的智能管理。

车辆方面，车辆是物流行业最重要的资产之一，对车辆的管理水平往往决定了该行业的效率。在智慧物流的园区中，每一台车辆都会安装感应器和车路协同系统，实现车辆无感入园、实时定位、车辆出勤智能导引、无人智能停车等等。

生产方面，在物流行业中，生产就是仓运配，这一点我们将在下一部分详细解释。

安防方面，在前面的章节中，我们曾经提到过 5G 建立的智能监控系统，它在物流园区尤其重要。全方位的监控系统和无人机、无人车等设备关联在一起，再加上与园外的公安系统相连接，将能够有效保护园区的安全。

运维方面，物流是一个典型的时间就是金钱的行业，运维水平的高低决定了长期效率的高低。基于 5G 超高清视频和 AR/VR 技术，可以实现对园区存在的问题进行远程诊断，并可以由工程师远程协助完成维护，极大地提升了效率。

在智慧物流各环节中，仓运配一体化的核心在于云数据中心，它是一整套系统的大脑。云数据中心提供一个完善的监控平台，包括订单监控、货物分析、智能巡仓、热力地图和异常出入监控等，之后在这些监控的基础上，构建云服务平台。云服务平台基于监控提供的信息，在人工智能等高科技的辅助下，提供仓储管理、配送管理、生产优化、仓配协同等服务，将仓储、运输和配送有机地联系在一起，由系统统一协调管理。

丢件，很多消费者都遇到过，而在智慧物流中，丢失快件这个问题将得到彻底的解决。快件的包装盒上将不仅仅是一个条形码那么简单，其将内置一个传感器芯片，可以实现终端物流管理系统的实时定位，这个定位的准确性和时延将会在 5G

所建立的庞大通信网络和物联网的条件下得以保障，再加上小基站的遍地开花，快件监控将得以实现室内外监控一体化，不会受到信号影响，达到亚米级的精准定位。当快件脱离预定路线时，能够实时向系统反馈报警，及时追回。

如今，随着人均收入的增加和对外开放的深入，海淘已经成为消费者的又一购物选择。在这个新的趋势下，未来电商将会开启保税备货＋海外直邮的模式，而在此过程中，智慧物流也将发挥更大的作用。海外产品最终运抵客户手中，是一个较为漫长的过程，路途也比较遥远，因此，货物的实时监控将会变得非常的重要。除此之外，海淘往往还牵扯到跨境支付，5G的网络架构可以减少跨境支付的障碍，实现商品与支付的无阻对接，降低错误率，提升效率。

创新产业耀世登场

智能虚拟导购，新一代科技“李子柒”

“李子柒”“李佳琦”这些名字大家都不陌生，他们通过视频直播、发布视频的方式，依靠鲜明的个人特色、精良的视频制作吸引了一大批忠实拥趸。在这个基础之上，他们会售卖一些商品，极强的带货能力让他们成为市场经济中的香饽饽，庞大的销量铸就了他们的销售神话。那么，为什么对于电视购物、电话促销极其反感的人们，却会对这一类视频博主青睐有加呢？

我们认为最为重要的原因就是，他们可以将单纯的售卖行为融合在体验中，让你在体验中心甘情愿地掏钱。可把这个体验分为两个类别。

“李子柒”推崇的体验是文化体验。她的视频都是在描述传统农村生活，其中包含了大量的传统文化，人们在她“地里采摘”“生火做饭”的过程中感叹乡村生活的美好和安逸，精良的食材制作和传统工艺更是让人们生出好感，此时产生购买行为就是顺理成章的事情。

“李佳琦”所践行的体验则是商品体验。在一次直播中，李佳琦竟然试了 380 支口红，他的每一次试色都能够让消费者感同身受，而对于颜色的好看程度的真实反映，也让人们仿佛自己也体验到了商品，愿意相信他的诚信推荐。

两个方面的体验都能够让人们很自然地掏出腰包，而 5G 则可以给消费者提供一个两者综合的体验感。5G 可以借助 AR/VR、AI 技术创造一个虚拟导购，带领消费者去体验中国各地的传统饮食文化、感受时尚新潮的巴黎时装周，在这些近乎真实的体验中，人们自然会对场景萌生好感，以及产生对于周边产品的好奇。这个过程也是发掘人们内心需求的过程，但有别于传统的销售让人反感。在这之后，导购会进行针对性的商品推荐，再结合 VR/AR 技术让人们设身处地地体验商品，虚拟换脸尝试口红色号，味道模拟体验食品等等，最终让消费者选择到最心仪的产品。

可能有人会觉得，这样消费者的钱包不是遭殃了吗？实际上并不然，当消费者购买的商品能够恰好满足其需求时，其带来的效用是递增的，恰当合适、物美价廉的产品能够让消费者距离美好生活更近一步，这也是供需匹配能够提升社会福利的另一种解释。要知道，单单的金钱是没有什么效用的，金钱只有具有购买力才有意义，而购买力正需要转换为合适的商品才能给生活带来更好的体验。

城市运营商，减轻政府治理负担

在前面部分，我们描绘了一个万物互联、智能交互的美好智慧城市蓝图。然而，这个庞大系统的实现是在海量数据高效协同处理的基础之上的。

众多汽车以及道路的数据要通过交通数据处理系统计算，才能及时反馈出更优的出行建议；众多水电仪表都需要并网，数据合并处理才能够计算出用户的综合花费；而所谓的贴心政府服务，也需要建立在对市民数据的精准分析的基础上……可以说，正是大数据的高效处理，才保证了智慧城市的智能运营。

如果依然按照传统的城市治理模式，由政府来完成这个工作，那显然是不行的。政府往往不具备 5G、大数据等技术发展的客观条件，更没有建设庞大高效数据分析平台的能力，如果强行由政府负担，只会给财政带来巨大的压力，还达不到数据处理的效果。

实际上，对于政府以及社会来说，真正有用的只是数据处理的结果，它们可以根据各路口交通拥堵情况规划建设道路，可以根据人口拥挤程度规划建设医院、学校等等，因此，它们完全可以通过向企业购买这些结果来避免无端的财政资源浪费，由企业来完成数据统筹、计算分析的工作。

此时，由高新技术企业组成的城市运营商就重装上阵了。它们从低级别的社区用户数据处理、社区快递服务数据处理到高级别的城市道路交通数据处理，分工协作，在大数据的基础上生成一系列智能交通、智能城建等方案，为智慧城市的建设立下汗马功劳。

智能诊断系统，5G 差异化定制工业检测方案

当我们在思考，5G 能够带来什么前所未有的产业的时候，一位老友的到访让我们深受启发。

这位老友在江苏省一个科技公司工作，所在机构负责给企业做产品检测方案，并且出具具有权威资质的认证报告。他吐槽说，每一次他们给企业做方案，都是一个特别庞大、冗杂的工程。因为企业生产线很多，产品更新也非常快，每一次、每

一个地点都需要团队亲身去，现场驻地考察、制作方案，然后还要随着产品的革新，多次进行回访、修改方案。他说，总成本里，时间成本和不断修改的重置成本占了很大一部分。

事实上，5G 技术能够极大地降低这个成本，解决他的烦恼。

5G 让 VR/AR 技术更清晰、更仿真，把实时虚拟通信和全息仿真影响结合在一起，故我们可以创造一个远程检测系统，替代传统检测机构的当面人力测算。整个流程如下：企业将所生产的产品放在检测仪内，检测仪会对产品的外部样态、内部结构进行综合分析，然后通过远程数据传输，在检测机构端可以生成一个虚拟仿真图像，而机构工作人员可以远程操纵检测仪的机械臂，对产品进行拆解等（这近似于对产品做一个远程手术），进行深入的产品检测，最终得出分析报告。

这样，企业的不同生产线、不同时期的产品都可以共用一个检测系统，检测机构也不必耗费大量的时间、人力去现场勘测。而且，通常来说，企业产品革新，机构需要再重新出具一个全新的检测报告，这实际上是对之前工作的浪费。这个远程智能检测系统可以基于原有的产品数据，借助 AI 技术自主分析新的产品有哪些革新的地方，之后在最终生成的图像中标注出来，给检测员一些提示，这样可以减轻检测机构的工作量，提升工作效率。

除此之外，我们之所以需要第三方检测机构，就是因为希望产品可以得到一个中立的、客观的评判，而如果这个机构与企业相勾结，那么得到的检测报告必然是不可信的、具有误导性的，也会给消费者带来潜在的威胁。这个远程智能检测系统也可以附带监管性质，会全程监控检测全程，保障操作的合规、结果的客观公正，最终的检测报告可以借助区块链技术传输，计算独一无二的哈希值（又称哈希函数，是一种从任何一种数据中创建小的数字“指纹”的方法），不容其他任何主体进行篡改，提升检测报告的效力。

第五章　5G是构建智慧社会的新基石

产业终究是社会生产层面的事情，与经济发展联系较为紧密，而与人们的日常生活距离较远。每一个产业的员工在完成了生产任务之后，终究还是要回归生活，回归衣食住行。

产业只是社会的一部分，社会的其他部分，例如交通、金融、医疗、娱乐等才是距离普通人最近的，这些服务都与消费者的生活息息相关。习近平总书记曾经说过，要让人民感受到经济发展的红利，同样，科技发展的红利也应当让人民切实地感受到生活品质的提升，这才是科技发展的最终目的。

在读完这一章之后，希望读者朋友能够明白，5G是一个既可以“上得厅堂”，也能“下得厨房”的技术，不仅能够激发各个产业革命，促进经济转型升级，还将优化社会资源配置，全方位提升人民的生活水平，更好地满足人们日益增长的美好生活需求。

金融变得无处不在

20世纪80年代末，我国正式进入1G时代。第一代移动通信技术是基于模拟技术，它仅能够支持语音，也不能进行长途漫游。受到传输带宽、兼容制式等因素的限制，它还无法提供数据业务。

金融科技演进与网络技术迭代的“恋爱”之路

1. 1G和2G，金融电子化

当时，金融市场受此约束与网络技术还是割裂的，所谓的电子化也还仅仅停留在印制单，交易还是需要依赖于纸质产品，但计算机已经开始逐步替代手工操作，局域网成为主导。后来在20世纪90年代，我们迎来了2G时代，网络开始逐渐走进群众，不少金融机构开始在网上发布消息，短信交易指令虽然成为连接客户和柜台的纽带，但面对面操作依然还是主流。在这个时代，金融服务仍然停留在线下，但借助有限网络已经开始逐渐探索线上服务建设。

2. 3G，金融移动化

2009年，我国全面进入3G时代。上网资费全面下降，手机上网逐渐普及，图片视频等多种业务数据的支持促使金融服务开始向线上终端移动。手机银行逐步成为每一个人手机中必定下载的 APP，而且所含服务功能也已经从最基本的查询逐渐扩充到转账、缴费、理财等常用业务，手机号也开始与银行卡号捆绑，不少终端实体网点的功能被手机终端代替。此时，更重要的变化在于银行业和运营商之间的行业壁垒被移动通信升级所打破，运营商与多家银行签署了战略合作协议，银行开始借助网络的力量布局增值业务。

3. 4G，互联网金融大行其道

4G 时代可以称之为互联网金融的繁荣期，从另一个方面也可以称作金融科技元年。

从互联网金融角度来说，移动终端的用户数据成为各家金融机构争抢的“香饽饽”，在线终端平台成为金融机构与用户建立联系最重要的方式。各类金融业务实现了较高级别的数据互通，资产端、交易端、支付端、资金端逐步融合。这个阶段另一个最大的特点就是互联网移动支付的蓬勃发展，支付宝、微信等互联网支付平台逐渐替代了银行转账支付功能，金融交易第一次彻底脱离纸质媒介，因而也带动了消费金融的快速发展，让消费金融开始成为各家银行争抢的“山头”。

从另一个角度来看，之所以称之为金融科技元年，是因为 4G 网络对于前几代网络技术，无论从速度、时延还是稳定性来说，都是巨大的飞跃。在这种情况下，大数据、云计算、人工智能等技术开始逐步萌芽，传统金融开始逐步智能化，不少决策性工作开始加入计算机辅助，虽然稍显青涩，但已经预示了一个时代的到来。

其实，我们可以将这段时间称之为“热恋”，是因为“热恋”意味着两个产业碰撞后的激情结合，热情、好奇充斥于这段关系，此时也更容易发生错误。P2P 网贷平台爆雷、共享金融资金链断裂等事件严重损害了群众的合法权益，正是这些教训，才让这段“蜜月关系”得到了社会更为理性和冷静的审视。

4. 5G，金融与科技深度融合

已经看到曙光的 5G 时代，将会彻底打通金融行业与其他实体经济产业的界限，拓宽金融服务边界，将云计算、大数据、人工智能等高精尖技术运用于金融领域，从产业端的制造业、农业再到消费端的医疗等等，金融开始渗透经济的全价值链。同时，技术的革新也为金融创新提供了客观条件，小微金融、普惠金融等下沉式金融服务成为不少银行业务的亮点，汽车金融等服务的展开也拉近了金融与实体经济的距离。

另外，技术的迭代升级也给消费者带来了福利。这个时候，金融与网络已经变为“你中有我、我中有你”的关系，不再是“1+1=2”的普通技术叠加，而是逐渐深度融合。正如京东数科副总裁许凌所言，这个时代并不是科技公司去给金融赋能，而是金融与科技的共生共建。网络科技对于金融的帮助更像是一种润物细无声的升级，消费者可以没有强迫感地享受到更加定制化、便捷化的服务，这提高了消费者的金融体验，也让金融可以重回服务本质。

跑马圈地已成过去，精细化运作正在开始

1. 流量至上已过期，技术为王正当时

互联网金融早期的完全竞争阶段已经过去，流量逐渐集中到 BAT（百度、阿里巴巴、腾讯）等巨头手里，寡头垄断市场已经初具规模。手机出货量的下降已经昭示了网民增长碰到顶板，靠量带来的红利已经被消耗殆尽。疯狂烧钱争抢流量之后，如何快速让流量变现已经成为各家金融机构亟待解决的问题。可以说，金融科技领域已经进入了让科技深度渗透金融，寻求商业模式变革的新阶段。

如今，金融科技已经具有了它独特的单词，即 fintech，这个将金融 finance 和技术 technique 各取一半结合起来的单词也预示着这一次科技与金融的结合将不仅仅停留在纯流量的贡献上，已经开始深入金融服务本质。

金融科技的发展彻底颠覆了传统金融渠道，金融脱媒、去中介化这个一直没有实现的目标将极有可能在 5G 时代变成现实，直接融资能否第一次超越间接融资，占据资本市场的主导

地位我们还不得而知，但整个金融的商业形态已经因科技发生了变化，号角已经吹响，后事如何，且行且看。

2. 销售端精细化：客户抢不到，留不住

金融服务的快速发展给消费者提供了丰富的金融产品，也让他们的口味变得更加刁钻，同质化的规模性战略已经过时，差异化的专一性服务才能抓住消费者的喜好。俗话说“知己知彼，百战不殆”，科技将会帮助金融机构基于无数个客户行为，进行即时画像，量化消费者的个人特征，这个过程中必然需要5G技术的辅助，包括人工智能、大数据等科技可以辅助金融机构为不同的客户建立丰富的产品矩阵，从而匹配出最优产品进行推荐。

这种针对个人的差异化服务能给消费者带来更加VIP化的体验，也降低了产生交易错配的可能。多找客人、多卖商品已经转变为找对客人、卖对商品，当习惯了自己精挑细选商品的消费者看到为自己量身定做，正合自己需求的金融产品摆在面前时，这种欣喜对于供需双方来说都不失为是一件好事。

3. 供给端精细化：拆解服务流程，各环差异化发展

实际上，通过技术手段勾勒用户喜好，然后提供针对性的服务，已经是互联网金融时代广泛应用的方法了，不过，这还是停留在用技术去赋能的阶段。如果仅是通过金融科技实现“获客”手段升级之后，前台走出去了，可最终业务却不顺利，这种金融科技融合仍然是失败的。

因此，在拓宽前台业务的同时，要加强中后台的衔接，精细化拆解服务链，实现各环、各业务的差异化和动态化发展。就以金融行业最基本的信贷业务为例，从最初的信贷产品销售、获客，再到前期的贷款资格审核、中期的风险控制，再到最后的收款，以及逾期催收管理，这一系列环节都可以借助技术融入其中，实现模块化加强，这还只是纵向切分后的模块化。横向切分的精细化分工同样不可或缺，针对企业大客户的对公服务、消费者的零售金融等不同的应用场景都需要差异化的服务，只有这样，金融服务的供给端才真正可以做到与消费者需求相匹配。

4. 服务端精细化：科技赋能下的服务体验升级

提到服务体验，必须要提一个名词，那就是场景化运营。在2019京东全球科技探索者大会金融科技分论坛上，众多企业高管均提到了金融需要场景化运营的理念。

什么是场景化运营？在回答这个问题之前，要先搞明白另一个问题，什么是场景？

在《场景革命》一书中，作者关于场景造物的体验逻辑正是场景化运营的根本理念："很多时候，人们喜欢的不是产品，而是产品所处的场景，以及场景中浸润的情感。"场景就是消费者在整个交易过程中除了产品以外的其他所有主观的、客观的条件和感受的综合，而它已经成为影响消费者购买行为最重要的因素。

具体来看，金融场景化就是将金融服务嵌入某些场景中，从而让服务更好地渗透和展开，复杂和冷冰的金融操作与用户情景体验融合在一起变得非常自然。举个例子，我们在骑共享单车的时候，不会想到我们与公司所建立的储蓄关系，而平台运营商又可以用客户的一部分押金进行投资活动等后续的一系列资本运作，我们仅仅只会关注于扫码骑车这一场景；用 APP 指导运动健身时，我们也不会想到我们交的保证金会成为企业的优质现金流等。

“产品即场景，流行即流量”，当我们的重心不再放到如何让金融产品的盈利数字更吸引人，而是更看重服务如何更贴心，如何更普及，这时候流量就是水到渠成的事情。这些嵌入的潜移默化的服务借助金融支付等科技优化了消费者的体验，却并没有给消费者带来强迫性的不适感，这就是金融场景化运营，就好像春雨一般，“随风潜入夜，润物细无声”。

实现场景化运营的基础是科技的发展，是大数据“看人下菜”，为每一个客户提供精准、差异化的服务；是人工智能的“随机应变”，当用户的需求出现变化时，能及时调整方案，让风险处于可控范围之内等等。当然，这一系列高新技术的高效应用还都需要在 5G 的基础上。

5. 风险端精细化：更完善的风控体系

对于风险控制，我们一直认为这应该是多个流程的整合，是一个完整的体系。经济运行是有逻辑的，更是有关联的，不存在完全割裂的两个数据，任何操作和决策我们都应当考虑其背后的“蝴蝶效应”。因此，更高质量的风控就需要建立完善的风控体系，其中应该包含数据收集、整合归纳、知识发现和智能决策四个过程。

数据收集过程要尽可能的详细、准确，尽量覆盖贷前评估、贷中检测和贷后反馈三个环节。其中，贷前评估就是利用数据爆炸的方式建立更为完善的征信系统，之后借助5G的技术特点，对资金流动全过程进行实时监控，即时报警，同时针对个人的资金行为在完成时提供反馈，并对征信分数进行调整，保持数据真实、有效。

5G技术能够帮助数据收集完整、充分，之后通过关系型整合等多种分类方式对数据进行处理，这个过程可以看作是烹饪中对原材料的初步处理过程。在这个过程完成之后，这些处理好的“食材”就要给计算机系统享用了，整个系统通过大数据和人工智能等技术在这个数据沙箱中完成机器学习过程，之后基于现实情况，进行实时决策。而系统的每一次决策历史和引致的或好或坏的后果也都将被储存，这部分数据同样会被作为机器学习的素材，温故而知新，最终实现智慧风控的目标。

5G 渗透金融机构，用科技照亮现实

5G 技术对于金融机构的影响是渗透性的、全面性的，不是某几个方面所能概括的。因篇幅的限制，我们用银行、证券和保险中几个比较有特点的场景进行讲解，让读者能够理解 5G 技术给金融机构带来的变化。

银行前台是客户接触银行的媒介，也是最容易让消费者感受到消费升级的地方，因而就以银行前台为例。5G 技术彻底打破了银行对客户服务的空间限制，现在银行不少服务已经开始尝试视频通信，而 5G 除了能够让这些视频更加清晰、流畅以外，还可以将简单的平面视频升级为立体的虚拟现实，通过协同、共享打造智慧高效与娱乐互动兼备的客户服务场所，网点无人化、客户自助化将逐步实现。试想，未来当你踏进银行，或者是用手机登录银行客户端，迎接你的将是迎宾机器人和虚拟客服，之后根据你的需求智慧引流，最后在短时间内迅速匹配服务，满足你的需求。

除此之外，银行也可以借助 5G 技术，更好地推进普惠金融。目前，普惠金融最大的问题就是覆盖面不够，同时服务成本很高，这是因为受到信息不充分、风险可控性差等因素的限制。而 5G 可以充分挖掘分析个人及企业信息，还可以即时更新，以及提供远程金融服务等，这都将有助于普惠金融突破地

域等客观限制，广泛延伸服务半径，降低服务成本，满足小微企业、偏远地区等人群的金融服务诉求。

在证券行业，一直以来，散户一直是我国证券投资参与者中的绝大多数。他们受到专业知识的限制，投资往往不够理性，可是却有高涨的投资热情。短时间内提升大多数人的投资水平，改变投资理念是非常困难的，那么为什么不用科技来辅助投资呢？5G 技术恰好可以做到这些，例如建立 AR 投资助手，结合 AI 技术，让投资技术辅助嵌入各类业务场景，快速获取分析行情数据、基本面情况等关键信息，结合报价情况，为投资者提供最优决策建议。

保险行业可以说是最适合结合金融科技的领域之一。用区块链这一技术来举例。区块链技术实际上建立了一种客户与保险商的“强制信任”关系，而这种信任关系保证了智能合约体系的建立。当合同中约定的条件被触发时，合约立即自动生效执行，保险费自动拨付，免去了一系列纠纷，这个过程不会受到任何个体的干扰，公平公正，也提升了效率。

另外，随着收入的增加和理财理念的深入，其实许多人是具有保险投资热情的，却因为不了解具体的条款和对保险经理的不信任，而选择了其他的投资手段。基于这一点，5G 可以通过人工智能等技术，设立一个智能客服，针对用户的一系列问题进行答复，并且借助 AR 等技术将这个结果可视化，把未来的收入经计算以更容易接受的方式呈现给客户，从而打消他们的顾虑。

文娱行业引领新需求

一直以来，人们很少在旅游之前做充足的功课，往往只是通过百度搜索，或者是从繁多的旅游网站查询别人的游记。这个搜索的过程既烦琐，又浪费时间，而且能够给消费者提供的也只有视频质量较差的一般平面观感体验而已。

5G 旅游：单一观光体验已经过时

1. 远程服务：出行不再成为“无头苍蝇”

当 5G 技术融入其中，景区和 5G 网络运营商通力合作，将会打造一个景区旅游前 VR/AR 体验，线上感受景区全景。5G 的高速度、低时延等特点，能够保障你所看到的景色更清晰、流畅，仿佛真的置身于景点中。在这个体验过程中，你能够对旅游的目的地有自己的期待，也有自己的疑问，带着这种具象的期待和疑问投入到真实的旅游体验中，能够让游客更有获得感，也容易产生更深的印象。

2. 引导服务：私人定制，不再跟团疲于奔走

现在，许多人已经厌倦了跟团游，摆脱不了的购物要求、走马观花的旅游体验、一天多个景点的奔走疲惫，都严重影响了游客的体验。

5G 旅游将会引领一个自助游的时代，逐步代替传统的跟团游。在旅游之前，经过 VR 和 AR 虚拟体验，游客已经具有了自身的偏好和规划，之后系统可以根据游客的喜好有针对性地推荐路线，游客也可以对这个路线进行调整，最终确定一个能够最优满足每一个游客需求的旅游计划。同时，在订制这个计划的过程中，游客也可以完成一系列附加服务的购买，减少因临时收费造成的纠纷以致对旅游体验造成不良的影响。

3. 即时服务：随叫随答，旅游管家在身边

通常，当遇到节假日等旅游高峰期时，不少热门景点门口都会排起长队，嘈杂、拥挤的购票、排队都是不少游客不堪回首的经历。目前，不少景区已经开始智能化建设，在手机中嵌入门票系统，游客可以简单地通过手机完成网上购票、刷机检票流程。但实际上，掏出手机等待页面刷新再扫描依然需要时间。5G 旅游将会让这个过程更加简便。5G 的超强数据传输和即时处理能力可以让人脸识别功能更为完善，在景区可以建立人脸识别检票系统，游客只需要刷脸就可以完成检票，有效地缩短了检票时间。

除此之外，许多时候造成景区门口拥挤的原因是当天的客流量过大，需要限流。这种做法是为了保证游客游览的质量，也是为了景区的正常运转，无可厚非，但给许多游客带来了困扰。5G旅游可以有效地解决这个问题，通过建立景区的检票系统与用户终端的连接，实时反馈园内人数状况，对游客提出时间安排建议，通过这种方式实现错峰旅游，减少游客时间浪费。

而且，在往常的跟团游中，导游往往无法照顾到每一位游客，基于语音的单纯讲解也无法让游客对于景点的历史底蕴和独到之处有深度的理解，而5G旅游可以通过游客手机终端APP，借助AR/VR等技术，给游客带来更逼真的讲解，5G的高速度、低时延特征能够有效降低眩晕感，让游客体验更好。可以说，5G旅游可以建立一种游客与风景的交互关系，由传统的观光式旅游转变为体验式旅游，给游客留下更深刻的印象。

同时，随着人们对于深入大自然热情的高涨，许多旅游项目都需要深入丛林深处，虽然很神秘、很有未知的趣味，但也带来了一些安全隐患。5G通信基于微基站，4G时代在这些深山老林中建立大型基站不仅成本巨大，也会对周围的环境带来破坏，而微基站的建立则更为容易和方便，所以，5G可以实现更大范围的高质量通信，使得景区方可以时刻查询游客手机终端的位置，及时了解游客的状况，在游客处于危险地带时及时提示和警告，提供脱离危险情况的建议和帮助，并立即与景区安保系统联系，重点关注这部分游客，实时追踪，时刻准备应对突发状况。

如今，不少旅游景区已经开始尝试与电信运营商合作，借助 5G 技术实现智慧旅游。例如南京的夫子庙景区，已经与中国电信南京分公司签约“5G＋智慧旅游”项目，为景区量身定制智慧旅游综合管理平台，实时获取商业、社会服务运营数据，兼容调度指挥、应急响应等功能，目标是给游客提供集智慧管理、智慧服务、互动商务于一体的多功能服务。

5G 影视：不清晰、平面感、没代入感将失去市场

1. 超高清视频：带来极清观感享受

超高清视频的发展，已经得到了国家有关部门的重视。

2019 年 3 月，工信部、广电总局和中央广播电视总台联合印发《超高清视频产业发展行动规划（2019—2022 年）》，提出了“4K 先行、兼顾 8K”的总体技术路线，大力推进超高清视频产业发展，在 2022 年让我国超高清视频产业总体规模超过 4 万亿元。

那么，究竟什么样的视频才可以称作超高清视频呢？

目前，较为普及的 HD 视频，分辨率大概在 1 280×720 左右，这已经是非常高级别的分辨率了。现在还有少量视频播放软件的会员可以专享感受 4K 超清体验，4K 的分辨率能够达到 4 096×2 160，这已经是目前视频清晰度的极限。而 5G 所能实现的 8K 超高清的分辨率可以高达 7 680×4 320，是 4K 的4 倍，

是HD的16倍，这就意味着在1米之内观看视频也不会有颗粒感，为后面的大屏直播、视频监控、商业性远程现场实时展示提供了支持。

越高的分辨率就意味着越大的数据量，这对数据传输速度和网络流量都提出了更高的要求。HD高清要求传输速率在4 500Kbps及以上，网络流量每分钟仅需要33.75Mb，4K的要求则上升了一个台阶，达到了12～40Mbps，网络流量需要90～300Mb，而8K超高清的要求则更是达到了48～160Mbps，网络流量要超过360Mbps。这个传输速度和流量现有4G网络是难以达到的，必须要5G网络的高速度、低时延才能够支撑。

"5G+超高清"能够让视频图像更为细腻，画面更为连贯流畅，即使放在超大屏幕上也依然可以保证色彩饱和逼真、颗粒感较少，如果再搭配3D音效，可以让用户如同处于影院中，极大地提升了用户的观感体验。

2. 互动式影院：当极清任务交给终端，影院该怎么办?

前面说了，5G+超高清将会让影院级的清晰视频在用户移动端和PC端实现，人们在家里借助电视和音响就可以拥有超凡的观感体验。那么，此时问题就来了，如果真是这样，谁还会去电影院呢?

事实上，观影的根本还是体验，评价一部电影的好坏，代入感往往是一个重要的方面。看完一部好的电影，就如同让我们经历主角的人生，但是如果仅仅通过视觉就来体验人生的话，未免太过浅显。目前的观影状况是，消费者与电影内的人物、情节是分割的，是完全站在局外，作为一个旁观者的角度来观看，即便共情，但难以感同身受，这种体验是不够深入的，对电影的理解也不够深刻。

这个时候，就有影院的用武之地了。在 5G 时代，影院所需要给消费者提供的是一种沉浸式、交互性的观感体验，让他们真正走近角色、走进影片情节，去经历属于自己的一场冒险。人们都说，一百个人就有一百个哈姆雷特，如果都不能让每一个人去设身处地地感受剧情中一个个意外中的生离死别，又怎么能真正体会站在雷欧提斯对面的哈姆雷特内心的挣扎，又怎么能有自己内心独立的想法?

5G 技术能够帮助 VR/AR 突破技术瓶颈与观影相结合。传统 VR/AR 技术存在着渲染能力不足、互动体验不强、容易产生眩晕感的问题。渲染能力不足和互动体验不强是因为目前仍然以本地渲染为主，与现实情境严重脱节，而 5G 技术则可以实现 VR/AR 上“云”，实现动作云端闭环，云端 CG 渲染，增强真实感。而眩晕感则主要来源于清晰度和延迟的问题，5G 技术的高速度和低时延特性能够有效解决这个问题，让 VR/AR 技术能够和观影更紧密地联系在一起。

未来的电影将通过 3D 全景视频拍摄，用户借助 VR/AR 技术体验影片，仿佛置身于剧情场景中，更具有代入感。同时，对于私人影院、VIP 放映厅等小规模的观影，还可以借助 VR/AR 提供交互式观影体验，通过手势、语音、眼球跟踪等让观影人可以一定程度上真实感受到剧情走向。目前，已经有一些有益的尝试。例如由 NBC 环球公司制作的 VR 连续剧《Halcyon》，虽然仅有 5 集，但这 5 集中包含互动情节，让观众沉浸在剧情中寻找线索，使自己成为影视剧的主角。

5G 游戏：枯燥呆板的体验将推离用户

1. 以史为鉴，5G 将带来又一场游戏革命

2013 年 12 月，工信部正式发放 4G 牌照，我国信息网络基础设施建设迎来了空前发展，通信技术的快速革新加快了手机终端上网速度，在这个过程中，资费也大幅下降，这为手游提供了巨大的发展空间。不仅如此，智能手机的发展、普及在这个时期也是走上了快车道，屏幕不断加大、芯片屡屡升级，无论从硬件还是软件都给游戏的发展提供了足够的支持。

2013 年到 2014 年，手游市场销售收入从 112.4 亿元暴涨至 279.9 亿元，增长率达到了 149%，手游用户数量从 3.1 亿人增长至 3.58 亿人。2018 年，手游市场销售收入已经达到了 1 339.6亿元，手游用户超过 6 亿人，几乎达到了全国人数的一半。也就是在这场由 4G 技术带来的游戏风暴中，《王者荣耀》

这一现象级的手游成为了世界上最赚钱的游戏，帮助腾讯占据手游市场的半壁江山，2017年腾讯游戏业务收入978.83亿元，同比增长38.2%。同期网易、掌趣科技等也借势崛起，有关业务均达到了60%以上的增长率。

这场游戏界的巨大红利让不少科技巨头意犹未尽，如今，5G技术席卷而来，无论从传输速度、网络流量、信息质量等方面对于4G都是一次质的跨越，这将再一次突破游戏行业天花板，成就又一场游戏革命。

2. 全面突破，5G助力游戏飞上“云”霄

云游戏，顾名思义，就是以云计算为基础的游戏，在这种运行模式下，所有游戏都将在服务器端运行，在渲染完毕之后游戏画面会被压缩，最终通过网络传输到用户端。我们现在的传统游戏模式则不同，所有的游戏画面渲染以及运算工作都是在本地设备完成的。为了保证画面清晰度和游戏流畅度，其对终端设备配置要求非常高，尤其是3A级别的游戏，让不少人对大型网游望而却步。除此之外，往往配置较高的设备对于散热、CPU等要求同样很高，这使得这些高配置的设备非常巨大，也不够美观，让不少人都陷入了游戏性和便捷性、美观性的“鱼与熊掌”困惑中。

如果实现了游戏上“云”，除了能把画面渲染等工作交给云端，帮助终端设备减负、降低玩家设备硬件要求以外，还有另外一个好处，那就是当终端设备要求降低之后，在游戏方面设备会逐渐变得无差异，电脑、平板等不同终端的束缚将会被解放，为用户多平台切换扫除了障碍。

同时，因为云游戏的计算都在云端，终端仅是作为一个接收方，所以，许多大型游戏就不再需要玩家下载了。如今游戏不断革新，变得越来越复杂，所占的储存空间也越来越大，下载所耗费的时间成本越来越可观，而云游戏可以实现即点即玩，无需下载，让玩游戏变得非常方便快捷。从另一个角度来说，这也解放了游戏开发商，它们不再疲于兼顾硬件普及性、下载资源体量和玩家游戏体验，而能够专注于对游戏内容的提升。

通过上面的描述可以发现，端游戏实际上仅包含少量游戏数据的上传，大量的图像处理等工作都还需要亲力亲为，网络服务器的任务只是保证游戏一致性即可，而云游戏则不然，它需要大量数据和计算的双向传递，此时，信息传播速度和时延就变得非常重要。

早在2009年，游戏服务商Onlive就把云游戏带入了人们的视野，索尼、谷歌也纷纷于2014年和2018年推出云游戏平台，但是之所以一直没有真正实现普及，正是因为受制于传播速度和时延。如果传播速度和带宽都达不到要求，那么画面质量必然受损，这也就违背了开发云游戏的初衷。

此时，正需要5G技术发光发热。5G技术的传播速度可以完全满足云游戏的要求，其小于 10ms 的时延更可以保障游戏的流畅性，要知道目前全球延迟从 10ms 到 130ms 不等，洲际网络的延迟更是高于 100ms。

而且，传统游戏的服务器只是负责维持一致性，而云游戏则要负责所有客户的数据计算处理，这必须要有 5G 超大网络容量加持，只有 5G 才能提供千亿设备的连接能力。同时，如果所有级别的运算都要交给终端服务器，那么再强大的服务器也无法达到要求，这也是巨大的资源浪费。此时可以寻求 5G 边缘计算的帮助，把低级别的运算交给距离用户更近的边缘计算平台，这有效地减轻了终端服务器的负担，也降低了传输延迟。

无人驾驶改变出行方式

上一章我们也提到了智能网联汽车，简称为“车联网”，不过更多的是站在产业的角度，分析 5G 将车和道路联系在一起，将会对整个交通产业造成怎样的变化。与上一章不同，这一章我们主要站在消费者以及整个社会的角度来看车联网，探讨 5G 赋能下的智能网联汽车将会带来哪些有益的变化，解决目前社会上、人民生活中的哪些问题。

无人驾驶是智能网联汽车的最高境界

先明确一下智能网联汽车的概念。智能网联汽车是指搭载先进的车载传感器、控制器等装置，融合现代通信和网络技术，实现车与车、车与人、车与路、车与云端等的信息交换、共享，通过这种信息共享过程，使得车辆等设备具备复杂环境感知、智能决策功能，优化整个交通系统的协同控制。

智慧网联汽车的目标是让行驶体验更安全、更高效、更舒适、更节能，逐步替代人在驾驶中的作用。用一句话来总结，就是将由人来驾驶汽车这种交通工具的过程转变为由交通系统辅助人出行，而人将不必过多参与驾驶过程。

按照国际自动机工程师学会（SAE International）提出的《标准道路机动车驾驶自动化系统分类与定义》，可以将自动驾驶分为五类，包括驾驶辅助（DA）、部分自动化（PA）、有条件自动化（CA）、高度自动化（HA）和完全自动化（FA）。我国汽车工程学会发布的《节能与新能源汽车技术路线图》参考SAE的分类，将智能网联汽车分为四级，包括驾驶辅助（DA）、部分自动驾驶（PA）、有条件自动驾驶（CA）和高度/完全自动驾驶（HA/FA）。

那么，我们目前达到了什么阶段呢？当前，我们的汽车行业已经基本完全达到DA级别，即驾驶辅助，包括自适应巡航、自动紧急制动、车道保持以及辅助泊车，在现在主流的车型中，均包含上述几个功能。

当然了，也有一部分汽车厂商摸到了更高一级别，即 PA，它可以实现全自动泊车，但这不过只是这一级别的皮毛而已。在这一级别里，还包含了车道内自动驾驶、换道辅助等，目前只有特斯拉等极少量的汽车生产商可以实现，不过还是在较高事故率的情况下，可靠性和安全性方面都还有待提高，可以说，这一级别的技术还非常不成熟。

未来，相信在 5G 技术的辅助下，智能网联汽车可以向着更高级别迈进，实现包括车路协同控制、市区自动驾驶、无人驾驶等功能，真正将人从枯燥的驾驶中解放出来。

说完了智慧网联汽车的内涵，把视角转移到日常生活中来，我们为什么需要智慧网联汽车呢？

先从距离我们生活较近的城市道路说起。城市道路情况较为复杂，人车混行，交通状况较差，但却有较高的交通安全要求。道路交通主体包括行人、非机动车、汽车等，它们大多缺乏信息化手段，在出现突发情况时，一切应急处理都依靠人的反应，而人受到生理构造等限制，难以达到即时应变避免意外的要求，因行人安全意识淡薄出现“鬼探头”行为[①]，酿成的

① 鬼探头是一个中国民间说法，是指汽车正常行驶，道路边行人突然跑出，结果车辆来不及躲避最终撞上行人的现象。

惨剧屡见不鲜。为了避免这些情况的出现，就需要通过路侧传感器、雷达等辅助手段为汽车提供完善的路况信息，消除视野盲区，在必要时进行辅助驾驶决策，降低交通事故发生的概率。

除此之外，拥挤也是城市交通的又一个“老大难”问题。如今，城市汽车拥有量与日俱增，而道路基础设施建设跟不上车辆数量的增长速度，使得堵车现象频发，提高了人们通勤的时间成本。以北京为例，近15年来，北京汽车保有量每年平均递增率超过15%，个别年份甚至接近20%，而与之相对应的是，道路长度和道路面积的年平均增加率只有1.2%和3.7%。这导致北京早高峰时段汽车行驶平均车速还不到25千米每小时。再比如中国最堵的省会城市哈尔滨，高峰拥堵延时指数高达2.028，高峰平均车速仅为21.93千米每小时。

面对如此严重的道路拥堵状况，如何让有限的交通基础设施尽可能地满足更多的通行需求呢？此时就涉及一个资源调配的工作。车联网系统可以时刻监测城区内任意路口的拥挤状况，根据这个情况调整红绿灯时间安排，以及给智能网联汽车传送最优路线，绕开堵塞路段，节约驾驶者的时间。

高速公路的情况与城市道路有一些差别。通常高速公路基础设施较为完善，车道线清晰，路况较好，较少出现因人为因素造成的突发状况。但是，高速公路上的车辆大多体型较大，其中货车、大客车占比较多，这类型的车辆质量较大，再加上速度较快，因而惯性非常大，一旦出现交通事故一定是大型、恶性交通事故。因此，在高速公路推行车路协同，建设车联网更为适合。

高速公路往往建设在空旷区域，布局复杂的传感器系统也较为简单，可以较快地建设智能网联汽车所需要的基础设施，结合开放的运营管理与服务模式，可以为人和货物的快速运输提供网络化通行服务，必要时能够替代人来从事危险系数较高的驾驶工作。整个车联网系统也能够为应急事件提供全时可响应的应急服务，在某路段出现交通事故时，迅速发布信息，向汽车传达绕道行驶建议，避免因事故造成交通堵塞。

智慧网联汽车将会怎么改变我们的生活?

智慧网联汽车将会让汽车具有四通八达的“眼睛”，减少道路交通事故发生的可能，同时优化有限交通资源配置，具体来看，包括碰撞预警、行人预警、紧急刹车、交叉路口防碰撞、转向辅助、协同超车/换道等。这些都可以辅助人们的日常驾驶，必要时还可以替代驾驶人做出紧急决策，在这里我们具体解释其中的几个，希望大家能够明白智能网联汽车将会给人们的驾驶体验带来哪些变化。

1. 碰撞预警：事故高峰路段的特效药

从近几年的交通事故报告中可以发现，交叉路口是极易发生事故的区域，尤其是复杂的大型交叉路口。驾驶人因为受到视野等因素的限制，难以在大路口耳听六路、眼观八方，尤其对于大型车辆，极易出现视觉盲区，因为这个原因所造成的有关大型货车转弯撞到行人、自行车的事故，我们从媒体报道中了解得太多太多。因此，将驾驶安全的重担完完全全放在人的身上是存在巨大风险的。

智能网联汽车则可以有效缓解这个问题。实际上，造成交叉路口事故频发的根本原因在于驾驶人难以判断其他驾驶人的行为，有人想抢道拐弯，有人却想加速直行，最终造成两车“亲密接触”，谁都走不了。智能网联汽车能够建立车与车之间的信息联系，及时反馈其他车辆的行驶状况，理解对方车辆行驶意图，辅助周围传感器检测的路口整体状况提供协同决策，减少事故发生的概率。

2. 协同超车/换道：路怒症的“克星”

路怒症是当前非常流行的一个词语，试想，当你正常遵守规章行驶，突然有人强行变道或者强行超车，让你惊出一身冷汗，难保你不会心生怒意。驾驶是人命关天的事情，而人却特别容易受到自身情绪的影响，做出偏激的驾驶举动，给道路行驶带来巨大的安全隐患。

为了有效避免这个弊端，智能联网汽车建立了汽车之间的协同关系，在主车行驶过程中，如果需要变道或者超车时，该行驶意图会发给周围的其他车辆，那么其他车辆会采取相应的减速、让道行为，同时，如果这个超车或者变道意图是违背道路安全原则的，那么周围汽车的反馈会传输给主车，让主车取消变道和超车的意图，所有意图、指令以及反馈都由系统统一协调，从而使得车辆行驶减少人为主观情绪因素的影响，提升车辆间的协同作用。

在线医疗解决“看病难”痛点

众所周知，医疗资源紧缺、供需不平衡是医患关系紧张的根源之一。我国人口占世界人口的 22%，但医疗卫生资源仅占世界的 2%，医疗服务供给严重不足。同时，《中国人类发展报告》预测，2020 年我国 60 岁以上人口占总人口比重将达到 16.3%，2030 年将达到 23%，与之相对应的数据是，从 2003 年至 2013 年患病率增长了 2 倍，2013 至今还继续保持增长势头，医疗需求侧膨胀加速，情况愈发严峻。

医疗本应更贴心

从供给侧来看，中国医疗资源供给不足的情况依然存在，短时间内也很难快速弥补。根据《“健康中国 2030”规划纲要》数据，2015 年我国每千人口医生数仅为 2.21 人，每千人口护士数仅为2.36人，即便按照这个规划实现增长，预计2020年也仅能达到每千人口医生数2.5人，到2030年每千人口护士数也刚能达到4.7人，总体来看，该数据与其他发达国家相比仍有很大差距。而且我国医疗资源分布呈现严重的城乡差异，近80%的医疗资源集中在城镇，农村医疗卫生资源严重不足、环境恶劣、设备落后，服务水平较低。

根据爱立信消费者研究室提供的数据，消费者普遍会对就医的不便和候诊时间长感到不满，这与我国群众就医的现状基本吻合，有近三分之二的消费者都希望能够通过科技减少看诊次数，同时有近一半的慢性病患者对预约时间长、手续烦琐以及无法约到心仪的医生感到不满。面对日益增长的需求和升级缓慢的供给，这种情况还会持续相当长的时间。①

此时，如果能够通过可穿戴设备和医疗网络，突破地理等客观因素的限制，发散实体医疗的影响力，贴近患者本身，一定可以让稀缺的医疗资源焕发更美的光彩。

数据显示，62%的受访消费者认为可穿戴设备能帮助人们控制自己的健康状况，有不少消费者都表示，如果有个工具能够测量血压等数据，还可以自动发送到医生端，他们一定会欣然接受。

---

① 爱立信消费者研究室．爱立信消费者洞察总结报告［R］，2017.

5G 助力智慧医疗

数据显示，2015 年全球医疗健康产业市场销售额约为2 514 亿美元，同比增长 11.5%，2016—2018 年也同样保持了这个增长势头，同时智慧医疗服务支出的复合增长率达到 60%，综合计算，2019 年该产业规模将突破 4 000 亿美元。

再将眼光转向国内，2016 年我国智慧医疗行业投资规模已达到 437 亿元，到 2017 年已经达到了 552 亿元，截至 2018 年底，我国智慧医疗行业投资规模超过 700 亿元，根据这个数据预测，2019 年该行业投资规模将超过 880 亿元，并将在 2020 年突破千亿元。①

那么，5G 时代的智慧医疗，将会带来哪些变化？

1. 家庭医疗：家庭医生式的 VIP 医疗护理

如今，随着智能手机的普及，以及像智能手环等设备的上市，不少消费者已经有能力通过这些工具了解自身的睡眠情况和运动情况，但这真的还仅限于了解，与诊疗还有很大的距离，数据也不够权威。据爱立信消费者研究室统计，高达 55%的使用者都认为这些设备不够“靠谱”，因而并不认同这类数据的准确性。

---

① 互联网医疗健康产业联盟 .5G 时代智慧医疗健康白皮书 [R]，2019.

不过，通过可穿戴式设备时刻监控人们的身体状况是一个很好的开端，这已经拉近了不少用户与医疗保健服务的距离，但仅仅达到这些还远远不够。5G所能带来的智慧医疗将在现有的基础上进一步让家庭医疗走进寻常百姓家。

目前，可穿戴设备医疗方面的应用受限有以下几个原因。第一个是传感器数目，为了更全面地分析用户的健康状况，体温、血压等指标都需要即时测量，而当前移动设备的传感器技术还达不到这个要求，实际上即使达到了，当前硬件系统也难以支持。

接着就引出了第二个限制因素，那就是数据传输和存储。如果传感器系统完善了，那么每一个用户的数据量将成倍增长，更为海量的数据将会压垮当前的数据传输系统。5G时代能够将“大云”变“小云”，也就是说除了最顶端的云数据平台以外，还有距离使用者更近的边缘计算平台，来存储和处理较低级别的数据，5G的高速度也能让实时数据快速传达到医生端，医生可以及时反馈，提供诊疗建议。同时，5G的万物互联特性也可以让用户设备构成一个健康网，医生可以从节点进行批量处理，归类同类型的健康情况，提高处理效率。

第三个原因就是数据的处理。现在，可穿戴设备提供的身体数据依然停留在显示这个阶段，就是把身体情况通过数据反映出来，这对于对医学知识不够了解的大部分使用者来说起不到什么作用，他们依然得不到可靠的身体健康建议。而如果这些数据都需要反馈给医生的话，那目前有限的医疗资源也难以负担得起，这也造成了巨大的数据资源浪费。

此时 5G 的人工智能技术将可以发挥作用。众多经验丰富的医生的诊疗数据可以导入人工智能数据库，之后借助这些海量数据让人工智能可以通过机器学习，具备一定的诊疗技能。当每日用户数据更新时，系统对数据进行初步分类处理，一般性、常规性的身体数据将会发给人工智能系统提供即时建议，比如体脂比等，而一些较为复杂、身体状况比较严峻的用户的数据将会越过上传层级系统直达医生端，尽快得到医生答复，缩短诊疗时延。

2. 远程医疗：医生大脑的最大化利用

上面刚刚提到的家庭医疗，更多的是解决以保健和日常预防为主要目标的医疗需求，其作用可以形象地称为是锦上添花，而接下来要说的远程医疗则可以满足诊断性、康复性的医疗需求，这对于饱受疾病折磨的患者来说可谓是雪中送炭。

数据显示，有 70%的患者认为如果能在居住地附近看病，康复速度将会更快，有 51%的人认为从大型中心医院分流到当地医院能够降低医疗成本，还可以提高患者康复速度。但是，好的医生是有限的，在每一个普通地方医院都配备高水平医生的愿望是很难实现的，而且即使有，在医院的所有医生中占比也是非常有限的，而5G技术所能带来的远程医疗则可以让便捷享受高水平医疗的梦想成为现实。

在上一章就已经提到，2019年1月，福建的一名外科医生已经借助5G网络完成了一台远程外科手术，整个手术是由该医生通过操纵一个48公里以外的机械臂来完成的。5G的低时延和高速度以及万物互联的优势，可以让机械“手臂”能够如医生的手一样灵活，把医生的聪明才智和高超技艺输送到基层医疗，通过网络通信进行“面对面”开药和“远程手术”，彻底打破距离等因素造成的限制，这样既节省了医生的时间，也让患者能够得到更快的救治。

获得优质教育更容易

早在2010年7月的全国教育工作会议上，时任国家主席的胡锦涛同志强调，“要以教育信息化带动教育现代化，把教育信息化纳入国家信息化发展整体战略”，首次将信息技术演进与教育发展在国家战略层面联系在一起。之后的几年里，《国家中长期教育改革和发展规划纲要（2011—2020年）》《教育信息化十年发展规划（2011—2020年）》《教育信息工作化工作要点》等文件纷纷落地，奠定了教育与信息技术之间的“联姻关系”。

教育信息化，是国家意志也是发展趋势

随着 5G 东风徐来，有关科技与教育相互融合的战略更是频繁出台。2018 年 3 月，教育部等五部门印发的《教师教育振兴行动计划（2018—2022 年）》首次具体指出，在教师教育创新升级过程中，要充分利用云计算、大数据、虚拟现实、人工智能等先进技术，推进教师教育信息化教学服务平台的建设和应用。在 2018 年 6 月和 2019 年 2 月先后发布的《智慧校园总体架构》和《中国教育现代化 2035》文件中，对教育现代化、信息化未来的几个发展方向做出了具体的部署，共同描绘了一幅科技赋能教育的美好蓝图。

实际上，让科技发展红利惠及教育，是当前很多国家正在努力的事情，因为教育才是科技发展的原动力。当年的海湾战争，让国防实力依然停留在越战，甚至二战时期的国家真正见识到了现代战争，更明白了科技在未来的重要性，它们很清楚 21 世纪什么事业最重要，那就是教育。

美国在 2010 年 3 月发布了《2010 教育技术规划草案》，其中明确指出要借助最前沿的信息技术推动教育系统的整体变革。美国科技公司 NearPod 设计了一款以幻灯片为主的多媒体应用程序，内置多种教材资源，可以实时对学生学习、教师教学进行监控，并且会将双方的意见建议反馈给对方，建立师生良好

的沟通关系。

新加坡目前已经大面积使用了一款由教育局、国家电脑局和科技公司共同开发的电子书包，这个书包是一个加载了多种教育资源的智能终端，可以贯穿学生上课、作业、评测等多个环节，已经成为了学生学习生涯中不可或缺的小助手。

科教兴国是我国国家战略之一，科技与教育两者密不可分，让科技为教育事业添砖加瓦既是国家意志，也是世界趋势，更是一个客观的发展规律。

时机成熟，智慧教育扬帆在即

庞大的教育机构网，给智慧教育提供了一个展示自己的舞台。

目前，我国教育体系呈现出一个金字塔形。金字塔最高层是教育部，之下是3 000余个教育主管部门，统筹监管全国超过50万所学校（这个数据还不包括民办培训机构），这些学校给超过2.6亿的学生提供教学服务，而这些学生的背后则有至少5亿的家长。这一系列数字在未来还会继续上升，根据《国家中长期教育改革和发展规划纲要（2011—2020年）》的规划，2020年我国幼儿园、中小学、高等教育的在校生目标分别为4 000万人、2.12亿人和3 300万人。这个巨大的教育机构网给智慧教育提供了充足的市场需求。

同时，日益增加的教育支出，给智慧教育创造了一个良好的发展环境。

国家一直把教育摆在优先发展的战略地位。十九大报告指出："建设教育强国是中华民族伟大复兴的基础工程，必须把教育事业放在优先位置，加快教育现代化，办好人民满意的教育。"

在我国，中央财政对于教育发展一直以来都给予了足够的支持。自 2012 年以来，国家财政性教育支出占 GDP 的比例连续超过 4%，2018 年全国教育支出 32 222 亿元，同比增长 6.7%。巨量的政府投入能够让教育行业基础设施建设紧跟科技升级步伐，为智慧教育的普及提供良好的客观条件。

巨大的市场空间和增长潜力，再加上国家政策的大力推动，激发了企业的投资热情，让智慧教育成为了它们的逐梦蓝海。根据中商产业研究院的数据，2018 年我国智慧教育市场规模超过 5 000 亿元。结合往年政府财政投入在不同年龄段教育中的分配比例，以及往年学校的自身投入，2019 年我国智慧教育市场规模将超过 6 000 亿元。①

目前已有多家企业投入到智慧教育这个领域中，其中既有传统教育信息化公司，包括拓维科技、科大讯飞等，也有新科

① 中商产业研究院 .2019 年智慧教育行业市场发展前景及投资研究报告[R]，2019.

技的教材发行出版商，例如凤凰传媒等，还有教育服务内容提供商，如爱学堂等，以及线下课外辅导机构，如好未来等，除了它们，还有腾讯、阿里等互联网巨头的身影。总体来看，这些企业的收入规模从2014年至今保持着持续上升趋势，年均复合增长率高达71%，毛利率约为50%，行业前景未来可期。

5G之光，照亮智慧教育

1. 虚拟现实：体验式教育的普及与深化

知识往往都是概念化的，而且随着学习的深入，知识会更加抽象、更加概念化，与普遍性生活体验的距离会更远。比如，我们在小学初中的时候，在小实验中学习到了摩擦起电，而到了高中，就已经开始在脱离现实的、理想化的无摩擦力情况下，进行物理计算，到了大学更是上升到量子力学等更抽象、更高深的物理层面。难度的增加再加上更加脱离现实的概念化，让知识的深入学习变得更加困难，而数学、物理、化学等基础自然科学也成为学生报志愿时几大著名的“劝退专业”。

人的大脑往往会对更现实的，或者说切实体验过的知识记忆更为深刻，就比如当你不明就里猛吸一大口氨气时，将会永远铭记它的味道，这比背诵课本上一句枯燥的“氨气是臭鸡蛋味气体”产生的印象要深刻得多。

5G赋能的智慧教育将可以通过AR/VR等科技在学生与老

师之间建立一种互动关系，在学生与知识之间建立一种近乎真实的体验关系，让枯燥、平面化的书本知识可以通过体验和交互变得立体，加深学生对于知识的理解和掌握。

通过给学生配备 AR/VR 设备，可以实现更为直观的教学体验，提供优质的课程和培训，把学生真正带入到学习过程中，让学生以第一人称来体验知识，感受知识，“触摸”知识，而不是以一个旁观者的角度旁听知识。举一个不恰当的比喻，“引火上身”可比“隔岸观火”来得实在得多。就比如著名的埃舍尔无尽楼梯，让学生仅靠思考和看图片是很难理解一种存在空间悖论的概念的，而借助 VR/AR 技术，让学生近乎真实地在上面走一遭，可能会对这个神秘的知识有更深刻的理解。

另外，教育资源分布不平衡，在我国也是一个比较严峻的问题，尤其是在偏远地区。因此，近几年，各大高校均有支教团深入偏远山区，进行教育扶贫，让偏远山区的孩子们也能享受到城市里的教育资源。

但是，这种“送教下乡”模式有许多弊端。例如，支教团都是有时限的，老师在下乡教学一段时间之后大多数都会离开，然后会有下一波支教团来到这个地方接替，但是，每一个老师的教学方法和理念都是不同的，对学生的要求和关注程度也存在差异，这就使得学生总是在适应新老师方面付出很大的时间和精力，对学习的连贯性不利；而且，支教团往往要求老师深入山区，他们通常要面对比较恶劣的生活环境，这也挫伤了很多教师支教的积极性；同时，偏远山区往往基础设施不够发达，支教的便捷性和安全性也得不到保障……这一系列因素都制约了乡村教育扶贫的进程。

而智能教育则可以通过科技改变这个现状，突破因客观环境劣势给教育带来的发展桎梏。

智慧教育可以简单概括为“送器下乡”，即将智慧教育所需要的一系列信息化设备运送到乡村，而不是把教师送到乡村。通过智慧教育平台，学生可以与教课老师远隔千里还能如同面对面。5G所具备的高速度和低时延可以让教师与学生间的互动更及时。目前，发展迅猛的全息投影技术也可以真的把“老师”带入学生的真实课堂，进行逼真的现实教学，真正达到远在天边，近在眼前的效果。

如果说共享单车解决了人们出行的“最后一公里”问题，那么智慧教育就是解决了教育扶贫的“最后一公里”，老师和设备实际上都是知识的传播者，只要最终能够让学生从体验中切实掌握知识，那就没有违背教育的初衷。

2. 人工智能：教师也需要小帮手

智慧教育所包含的人工智能技术可以有效地辅助教师的教学活动，这种辅助我把它归纳为两个方面，一个方面是“增强”教师，另一个方面是“解放”教师。

从“增强”教师的角度讲，因为教师再神通广大也是普通人，他很难时刻关注每一位学生上课的全程状态，也不可能深入了解学生对于自己上课的看法，更不可能监督每一位学生上课的一举一动。这个时候，基于人工技术，可以使得智慧教育具备课堂情感识别与分析和课堂行为识别与分析的功效。

情感识别与分析是通过一系列摄像头、感应器统计和分析学生课堂期间的情感变化数据，再借助人工智能技术可视化地将学生情感呈现出来，让教师可以对自身课程的吸引力、学生的关注点心里有数，适时调整内容安排和教学风格。课堂行为识别与分析则主要观测学生的肩、腿等身体行为，纠正学生上课坐姿，约束上课玩手机、看课外书等与学习无关的行为。

从“解放”教师的角度讲，也很容易理解。因为教师的时间和精力是有限的，人工智能可以接管教师一部分机械性的工作，例如点名、批改试卷等，让教师有更多的精力投入到课堂准备上。

人工智能可以实现智能考勤，通过人脸识别、声纹识别等方式杜绝点名代签等情况，高效替代传统课堂点名，节省课堂宝贵时间。人工智能还可以具备智能学业诊断功能，通过对每一个学生作业和考试的错题分析，制定针对性的学习计划，精准推送学习资源和知识点详解，同时这个结果会以多维度的教学报告和成长档案的形式发送至教师端、家长端等，教师可以时刻了解学生知识掌握情况，提供精准服务，家长也可以知悉自己孩子的在校学习情况，针对问题进行日常辅导，不再只是干着急。

3. 智能管理：校园管理更安全更高效

对于学校来说，在校学生的安全是比教学质量更重要的事情。通过 5G 的万物互联属性可以构建更为全面的校园监控系统，包括全方位、无死角、高清晰度的视频监控以及统一、远程的校园门禁管理，还有时刻跟踪监控的校车管理等等，再加上与消防、警察等高度联动的安防消防协同系统，保障校园内师生的生命安全。

除此之外，校园作为一个教育资源高度集聚的地方，管理的高效性同样至关重要。每年新学期伊始，都是教务系统老师最头疼的时候，繁杂的排课工作让他们濒临崩溃，智慧教育可以实现大数据之下的智能排课，同时借助科技的力量，实现传统排课和分层走班排课相结合的模式，让排课表可以依据教学情况和学生反馈进行实时改进。

在本节的最后，我想说，传统的学校教育体系提供的标准化的、以知识为核心的教育，是无法满足全社会日益增长的对优质个性、灵活终身教育的需要，未来的教育将是一个与社会高度融合的、高度开放的教育体系，它应当是以学生为核心的教育，以学生的需求为主，关注学生的差异性，同时关联一切可以关联的资源，比如校内校外、面授远程、正式非正式等，共同实现学生的全面、差异化发展。

媒体传播跨越数字鸿沟

2019 年，众多媒体人继续感受到真实的凉意。这一年，全国先后有《吉安晚报》《生活日报》《天府早报》等 20 多家报纸宣布停刊。那么，是哪些原因让曾经光芒四射的传统媒体走向迟暮呢？

5G 让媒体融为一体，合而为一

1. 传统媒体“英雄迟暮”？

根据 2018 中国传媒产业发展报告，传媒企业总体产值从 2011 年的 7 503 亿元增长至 2017 年的 18 967 亿元，复合增长率高达 14.2%，可以说这几年也是传媒行业黄金发展的几年。但是，当我们着眼于增长率时，就会发现，传媒行业整体增长率在 2012 年达到巅峰，高于 25%，但是之后处于震荡下降趋势。

的确，新媒体的崛起让主流传统媒体的话语权逐步稀释，市场地位也连年下降。数据显示，在这黄金几年里，广播电视等传统媒体除了在 2011 年和 2012 年在传媒行业整体占比有所上升以外，之后一直处于下降趋势，截至2017年已经低至13%，而与之相对比的是，以互联网和移动互联网为主的新媒体在传媒产业占比从39%上升至2017年的66%。来自全球知名的市场研究机构EMarketer的数据显示，早在2016年中国人使用网络媒体时间已经超过传统媒体，目前来看这种趋势还将延续下去，有关数据显示，2019年我国成年人平均每天使用网络媒体时间为3小时54分钟，而使用传统媒体的时间仅有2小时44分钟。

而且，这当中自媒体在互联网的沃土中破土而出，并迅速成为人们分享新闻和评论事实的重要途径。当这种带着互动的理念与新媒体相结合时，传统媒体难以抗衡。网络短视频行业在近几年飞速发展，根据CTR媒介智讯的数据，国内现在该领域机构已经超过5 000家，短视频平台KOL规模高达20万。

这种情况下，传统媒体真的已经开始走下坡路了吗？实际上并不是这样，或者说应该换个说法，那个一成不变的、单一的传统媒体“已死”，而多媒体融合、多平台协同的传统媒体已经“重生”。

2. 5G时代，是融媒体的时代

媒体行业被认为将会是最先受到5G浪潮影响的行业。根据华为咨询研究提供的数据，结合5G相关度和行业数字化空间两个维度，媒体行业因为其采播灵活、协同云服务市场大的优势，行业空间仅次于最大的工业制造。这是因为随着媒体行业逐步向超高清、多视角和强互动性演进，对于大带宽、云需求不断增强，而 5G 恰好能够满足这些需求。那么，在 5G 时代，媒体行业将会有什么变化呢？

2019 年 1 月 25 日，中央政治局在人民日报社就全媒体时代和媒体融合发展举行的第十二次集体学习中，习近平总书记指出，要坚持一体化发展方向，通过流程优化、平台再造，实现各种媒介资源、生产资源的有效融合，实现信息内容、技术应用、平台终端、管理手段共融互通，催化融合质变，放大一体化效能。这是官方正式给融媒体立下的定义。

融媒体就是融合一切资源和平台，让原本单一的电视、广播等媒体有机结合在一起。传统媒体与新媒体没有孰重孰轻之分，协同合作才是媒体发展的未来之道，融媒体可以赋予传统媒体新的活力，也可以让新媒体更接地气。

比如，中国移动董事长杨杰曾经在 2019 年该公司中期业绩发布会上指出，目前，中国移动在 5G 发展方面正在与中国广电进行讨论，看似两个领域截然不同的公司正在寻求共建共享、合作共赢的模式。移动拥有的 4G 核心网络给 5G 的发展提供了足够的支撑，而中国广电则有庞大的有线网络，智慧广电建设将融合两者优势，实现合作共赢。许多传统媒体包括地方电视台也均在不同的社交网络上建立了自己的账号，发布节目信息与观众互动，传统媒体与新媒体之间曾经存在的“柏林墙”正在逐步消失。

3. 畅想未来，5G＋媒体下一阶段会走向哪里？

目前，我们仍处于5G媒体的开拓期，开始逐步实现5G视频采编，超高清制播已经提上日程，许多公司也开始布局5G＋VR一体化制播、5G交互式媒体等等，但这些普遍还处于试验阶段，5G网络还没有完全帮助媒体实现采、编、播一体化服务。

在完成了这一系列技术的普及之后，就将来到发展期。在这个阶段中，5G将不再是一个媒体行业升级的单纯工具，而是和媒体共同结合，实现协同发展创新，比如5G轻量级演播室、AR、全息制播等等。

当5G与媒体行业的融合经过以上两个阶段之后，就将步入成熟期。在这个时期，前期的技术和硬件准备工作已经基本完成，平台化的5G产品建设是这个阶段的目标，包括5G融媒体平台、AI媒体平台、云VR平台等，此时传统媒体已经彻底不复存在，所有原有的媒体形式都已经上联5G媒体平台，实现脱胎换骨。

最后一个阶段是进阶期，在这个阶段，5G媒体已经完全成型，更多的是做一些新技术的探索，比如沉浸式MR（即AR＋VR）等，当然了，在这个阶段或许该畅想下一个媒体时代是什么样了。

借5G之风，逐媒体之浪

1.“家庭大屏”成重要终端，OTT空间无穷

通常来说，用户用眼睛感知的媒体主要包括以下三个“屏”：

第一个屏是影院屏，即影院市场的荧光屏。本世纪初期，视频清晰度的跃迁式提升，让电影院得到迅猛发展，在2015年达到了32%的增速，但之后增速逐年下滑，市场容量票房也由双位数的增长降低至个位数。

第二个屏是手机屏，当然也包括了平板、电脑等便携移动的屏幕，这个行业众所周知已经步入存量市场，行业渗透率高达96%，接近饱和，月度活跃量也在10亿～11亿之间波动，没有什么大动静。

可见第一块屏和第二块屏都已经难以再出现现象级的增长，而与之不同的是，第三块屏，即家庭屏幕正处于高速发展期。奥维网数据显示，2018年智能电视覆盖规模为2.51亿台，同比增长38.67%，激活规模同比增长61.7%。互联网电视渗透率已经猛增至36%，可以说，当年传统电视打下的江山正在被互联网电视逐步取代。

而基于互联网的第三块屏，也有自己的英文简称，就是

OTT TV，即Over-The-Top TV，是指基于开放互联网的视频服务。对于我们普通人来说，可以将其理解为互联网电视。在OTT TV上，你的电视将不仅仅能够接收到广电的有线电视信号，还将拥有整个互联网视频资源。当5G时代的网速和时延不再成为互联网电视的掣肘时，该行业将得到更为迅猛的发展。

实际上第三块屏如此有发展前景，还有一个重要的原因在于其同样是未来智慧家庭的入口之一。基于家庭场景，OTT TV上将会叠加很多的增值性服务，包括健身、教育等，智能家居系统也将借助物联网受到OTT TV的控制，它将会逐步演变成一个家庭的可视化操作台，完善智慧家庭应用生态。

2. 5G+VR直播，远隔千里也可设身处地

如今，科技的进步让电视直播越来越清晰，时延越来越低，但是依然无法摆脱平面化的弊端，观众更多的还是在“看”直播，而不是“体验”直播。

VR技术的快速发展让不少平台开始尝试VR直播。比如在5G应用领域处于第一集团的韩国，他们已经开始通过5G网络直播棒球比赛、明星演唱会等。观众在观看直播时，可以实时切换机位，放大角度，跟踪个人等等，还有虚拟明星见面的服务，仿佛偶像就在自己的身边。

之所以必须在5G时代才能大面积应用VR直播，得益于

5G 的网络切片技术。网络切片实际上就是一个物理网络的逻辑分区或者说是虚拟片段，由连接性、带宽和协议组成，这些特征使得切片会表现得非常类似于这个系统使用者的终端实体网络，直白点说就是一个程序，或者是用户或进程的一个实时克隆。这个技术能够让 5G 大带宽、高速度、低时延的特性发挥到极致，给用户建立一个“第二现场”，高度还原直播场景。

3. 5G 传媒时代，广告至暗时刻的黎明曙光

CTR 数据显示，从 2018 年下半年开始，全媒体广告刊例花费增速跌到 0 以下，报纸、传统户外、电视广告等刊例花费增速均为负增长。然而，东边不亮西方亮，OTT 大屏广告却呈现逆势增长。2018 年 OTT 广告收入规模达到 62 亿元，同比增长 138%，权威机构预计，2019 年该数据将突破百亿元，增速至少不低于 70%。

传统的广告太过单刀直入，很容易让观众有不适感，而新时代的广告则可谓是“随风潜入夜”。通常来说，广告分为硬性广告和软性广告，5G 传媒的硬性广告包括开关机、贴片、暂停广告等，这些广告难以避免，和用户会产生直接冲突，因此对广告的创新形式要求比较高。软性广告则包括角标、天气、时钟等，它们往往嵌入用户的使用过程，而不会打断用户的行为连贯性，更容易被使用者接受。

精细化政府服务提速

政府也是智慧城市不可或缺的一部分，因而本节逻辑上可以归属于智慧城市，但因为5G科技给政府带来的改变巨大，故单列出来一节讨论。

角色扮演：政府该处于什么位置?

几个世纪以前，经济学鼻祖亚当·斯密发现，如果各方都追求自身的利益，反而可以创造更显著的社会效益。因此，在这个时代，政府作为智慧城市的管理者、引导者，代表城市和社会的公共利益，在管理城市时需要思考如何统筹规划智慧城市的活动，同时给各方利益群体提供盈利机会，让他们在追求利润最大化的同时建设美好城市，而这就是城市建设的战略。

政府是智慧城市战略的制定者，战略则是智慧城市的核心。如今，全球已经启动了1 000多项智慧城市计划，然而，罗兰·贝格国际管理咨询公司的报告显示，在这么多计划中，仅有49个制定了智慧城市官方战略，而在这其中仅有15个城市的战略包含具体的目标和活动，但真正进入实施阶段的仅有8个。前文也提到过，罗兰·贝格的城市战略指数，其中排名靠前的城市，比如维也纳，规划得分都非常高。脱离有序规划的智能城市建设战略都只能是空谈。

当然了，智慧城市的规划战略制定与传统城市一定不同，5G 等高新技术能够为政府提供必要的帮助。人的能力终究是有限的，因此看待事物的眼光也不够长远，难以预料未来可能发生的情况，最终造成错误的决断。这一点，在当前很多城市的 BRT 项目中我们就可窥知一二。智慧规划就是当政府有关部门有某些规划意向时，可以将指令提供给智慧城市规划系统，这个系统会借助大数据和人工智能技术，根据以往几十年里城市发展的情况进行分析，结合未来车辆、人口的增长，预测指令执行之后给城市带来的正向改变和负面影响，为政府提供规划建议。

以简驭繁：智慧城市的运营哲学

1. 公开透明

一直以来，受到各种条件的限制，我国传统的政府管理活动更像是一个黑盒，信息透明度低，这既让群众不了解政府的工作过程，对政府缺乏认同感，也给一部分官员的暗箱操作提供了空间，权钱交易、贪污腐败等劣行都是因为缺乏透明的信息披露和社会的广泛监督造成的。

政府是智慧城市的最高决策者，但其权力是人民赋予的，因此应当借助科技，让政府、企业和公民共享实时数据，有案例表明，政府决策的过程越透明，往往效率就越高。2016年，日本东京制定了“新东京、新明天：2020行动计划”，涵盖了360项政策目标，这些目标都将采用“计划、执行、检查、处理”的循环管理法，整个过程公开透明，实时可追溯，这个模式让东京迅速成为智慧城市治理领域的全球领先城市。

公开透明的另一个目的就是约束公权。国家信息化专家咨询委员会委员、北京大学政府管理学院博士生导师汪玉凯教授曾指出，对公权的约束已经成为国家治理现代化的重中之重。数据共享让政府权力和行为暴露在阳光下，接受社会的监督，同时，决策过程可追溯也有助于监察部门的工作，推动五张清单一张网制度建设，打开政府“黑盒”。

2. 多方融合

科技和基建对于智慧城市固然重要，但运营才是智慧城市能够焕发生机的关键。政府部门往往缺少相关技术人才，更适合作为一个系统最终结果的使用者和顶层规划者，不适合作为城市各个分系统的运营商。因此，在智慧城市时代，城市运营商将成为连接政府与城市本身的关键角色。①

政府通过购买服务的方式获得经科技处理过的数据报告，结果一目了然，有助于决策效率提升和降低管理成本。居民则

① 艾瑞咨询．盛宴后的长路前行：中国智慧城市发展报告［R］，2019.

可以通过终端获得各种各样的智慧城市服务，包括车联网等等，城市运营商的任务就是让这一系列系统运转起来，向政府和居民、企业提供增值服务来获取利润。城市运营商需要负责智慧城市关键平台的建设运营，比如网络安全中心、城市指挥中心、物联网平台等，还要给系统提供必要的技术支持，包括标准体系、数据安全等，同时，更要不断地追求创新，用更精尖的科技升级智慧城市服务。以政府、运营商和用户或企业构成的三元结构将成为未来智慧城市的主导。

基于这个结构，我们会发现，智慧城市的建设运营依然遵循以政府财政直接出资为主的单一主导型模式已经无法满足需要，政府与社会资本共同建设，多企业共同参与，各司其职，政府负责规划统筹、社会方负责运营管理的多方参与型模式逐渐显现出其优势。数据也证明了这一点，根据麦肯锡研究院对全球智慧城市项目的分析，从应用方面看，虽然多数智慧城市应用拥有者为公共部门，但实际运营人和投资大多数都来自社会资本。

我国也在努力尝试吸引社会力量参与到智慧城市建设中来。目前，已知的已经应用于智慧城市建设的政府与社会资本合作模式包括 BOT，即政府投资，通过招标等方式委托运营商建设和运营；PPP，政府与社会资本共同出资建立项目公司，共同承担城市运营责任等。

3. 勤于创新

智慧城市的发展不具备普适性的模板，每个城市都有自己的特点，同时，这也是一个充满挑战性的过程，因为其智能方案之前也从来没有大面积试验过。因此，作为智慧城市的规划者，政府需要有创新精神，不要畏首畏尾。

在这个过程中，政府要充分借助外部力量，比如与高校、科研机构、科技公司共建研究中心，组成跨部门、跨学科的智囊团体，为城市规划统筹出谋划策。这一点不少城市也是这么做的，例如波士顿建立的城市分析部门，芝加哥建立的数据科学小组等。

当然了，既然是创新，就一定会有出错的可能。本着让资源效率最高的原则，在试错的过程中，我们要将负面影响降到最小。这一点，我们可以借鉴哥本哈根等城市的方法，设立“试点区”，在某个区域较为封闭地试行一些高新技术，并且使用“监管沙盒”理念，防止风险外溢。

4. 万物和谐

5G的万物互联属性激活了城市的每一个智能硬件和终端，构成了一个庞大而有序的物联网，建立了物与物、物与人之间的和谐关系，这一点在前面章节已经讲过，这里不再赘述。

但是，智慧城市终究是人的城市，实现各主体之间的和谐才是更为重要的工作。之前部分已经提到，政府、运营商和用户或企业组成的三元结构是智慧城市的基本结构，让城市各主体间达到和谐，最核心的就是要在这三者之间促成和谐。

智慧城市一直致力于构建一个互动激励机制，将这三者有机地串联起来。政府是政策的制定者、平台的顶层设计者、战略规划的制定和实施者，它负责给运营商分配任务，并给予表现不错的企业以激励，同时它又是公众利益的维护者，始终捍卫群众的利益和安全，群众和企业“用脚投票”，通过政府满意度、企业入驻情况等给予政府反馈激励；运营商则由高科技公司和科研机构组成，它是政府命令的执行者，也是公众和其他企业终端服务的供给者，使用者对服务的满意度决定了它的收入和上级政府的信任程度；公众则是智慧城市服务的需求方，同时也是智慧城市系统问题的发现者，他们是距离服务最近的人，也是最有发言权的人，而且，他们也是政府和运营商的公共监督者，可以根据情况提出自己的建议和反对意见。

三者构成一个有机闭环，时为激励方，时为供给方，互相看似都是为自己的利益而努力，但结果都是帮助整个智慧城市变得更加美好，这种和谐关系，是我认为的亚当·斯密所言的市场经济的最高境界。

智慧政务：提供更高效、便捷的服务

创建服务型政府的核心就是提供让人民和企业都满意的服

务，而居民服务是非常繁杂琐碎的，而且还要实时更新，这对于系统的要求并不亚于车联网等。

智慧城市的一系列科技手段将会让这个冗杂的程序化繁为简，高效运营，提供更及时、更高质量的服务。

首先是数据问题。智慧城市建立了人与人、物与物、人与物之间的多种信息传输渠道，其中将包含巨量的数据，包括车联网、农联网、安防系统等等。因此，一个强大的数据中台必不可少，这个数据中台将会集合政府数据和第三方数据，之后经过人工智能和大数据技术进行数据梳理和运营，为政府业务提供优化支持和辅助决策。5G的边缘计算技术也可以帮助数据中台释放一些低端计算的压力，更快捷地解决用户的一些普遍需求，这种分级处理模式可以更有效地分配算力，提高系统效率。

其次是服务系统的构造。当前，系统的构造不利于转型升级和接入异构。举个现实的例子，假设我们整个服务系统是一辆汽车，当我们需要将其改造升级、并入一些新的需求时，那么将彻底改变其顶部控制结构，这就需要将整个汽车拆解，或者说是重新建造一辆更新的汽车。这种重置成本是非常高的，而且会有很长的待机时间，造成服务空窗期。而智慧城市所能实现的系统结构是类似"挂车斗"的结构模式，这也得益于5G网络的扁平化结构，而不是现有网络的链式结构。它能够实现当我们需要并入异构时，只需要在汽车后面加装一个车斗即可，也就是多写一条代码的事情，而不用像原来一样推翻重来，重写源代码。这有效地节约了资源，提升了效率。

当解决了棘手的系统问题，一切因地域、行业不同造成的数据壁垒将会被打破，数据处理也会更加兼容，“大一统”式的服务标准化将成为现实。比如，全国将会建立统一的认证中心，学籍、学历、资格证书都可以在一个网址统一认证；建立统一的支付中心，一切缴费包括话费、水电费等都将整体并入，收支结构、花销一目了然；统一的证照中心，一库管理多方互认共享，避免所谓的“我要证明我自己”的情况出现……

目前，有很多城市已经开始积极探索新型政府服务模式，也取得了不小的成就，获得了较高的群众满意度。

最典型的案例就是广东省的“粤省事”系统。截至 2019 年 12 月 31 日，“粤省事”实名注册用户跃增至 2 511.6 万，业务办理量突破 4.4 亿，日均访问量超过 1 500 万，已成为国内用户群体规模最大、业务集成度最高、应用便利度最高、用户活跃度最高的移动政务服务应用。可以说，这个系统已经成为了名副其实的“省事系统”。举一个残疾人证件办理的例子，原来办理残疾人证，需要至少跑 4 次，交 4 次材料，填 14 次信息，而系统上线之后，只需要跑 1 次，交 1 次材料，填 4 次信息。再比如深圳，其政务服务事项可 100％网上申报，自助终端机可提供超过100项政府服务，行政审批平均时限在法定时限基础上压缩50%以上。

各地区建设的优秀案例也推动了国家政务平台的建立。中国政务服务平台上线100天内注册人数超过500万，已经实现200多项政务全国通办，相信在不久的将来，“国省事”系统也将成为现实，越来越多的政务都可以通过5G网络完成。

第六章　后 5G 时代的竞与合

目前，5G 技术已经成为全球竞争的新焦点，各国都在加紧部署 5G 技术的发展规划。它们在 5G 领域的竞争表现为两方面，一方面是大力推动国内的 5G 商用进程，采取各种措施加速 5G 相关产业的形成；另一方面则是积极参与 5G 国际标准的制定，相关的组织、机构和企业联合起来，以提高本国在 5G 标准上的话语权。

合作方面，在国际标准制定过程中，不同国家的企业、机构联手支持某一项技术标准已成常态，哪怕在技术试验阶段。比如在中国，就有许多国外厂商包括诺基亚、爱立信、高通、英特尔等深度参与。

产业方面，有些国家的优势在于技术专利，有些国家的优势则在于应用场景丰富、产业化水平高。在 5G 时代，不同国家之间开展更广泛的合作具有深厚的现实基础，也有利于各方实现共赢。但在广泛合作的交响曲中也有一些不和谐的音符，个别国家为了维持本国在 5G 时代的领导地位，不惜采取政治手段打压别国相关企业，给整个产业的发展蒙上了一层阴影。由此可以看出，在 5G 时代，全球竞争与合作需要更多一点理性，更多一些共赢思维，而不是固守冷战时代的零和博弈思维。

全球竞争更需要理性合作

前面提到，国与国的竞争从未停歇，而在 5G 领域，这种竞争完全可以用刀刀见血来形容。尤其是作为超级大国的美国，为了抢占战略高地，不惜动用国家力量，对全球领先的中国电信公司中兴和华为下手，让人看得目瞪口呆。人们不禁要问：难道大国竞争，可以完全抛弃理性和合作吗？

各国积极推动 5G 战略落地

1. 韩国：期待成为全球 5G 商用第一

韩国是第一个由政府倡导制定国家级 5G 技术标准的国家。2013 年 6 月，韩国成立了 5G 论坛推进组 5G Forum，并且提出了“5G 移动通信促进战略”。韩国的 5G 战略从服务、技术、标准、生态四个方面，为韩国 5G 的发展制定了明确的目标：

一是 2019 年在服务领域实现 5G 商用，并领跑 5G 市场；二是在技术领域成为全球最佳，在终端领域成为全球第一，在设备领域取得全球 15%的市场份额；三是在标准领域确立安全的标准并引领全球标准；四是到 2020 年创造 160 万个工作岗位，到 2026 年再创造 150 万个就业岗位。

在频谱分配方面，韩国政府在 2016 年宣布将原计划分配给 4G 的 3.5GHz 频谱转为 5G 用途，并回收了已发放的 3.5GHz 频谱，作为后续 5G 频谱重新进行拍卖。首次拍卖于 2018 年 6 月 15 日进行，但由于三家运营商竞争过于激烈，拍卖最终失败。6 月 18 日，经韩国政府居中协调，拍卖得以完成，三家运营商共支付 33 亿美元。拍卖的完成为韩国快速推进 5G 商用奠定了基础，也使得韩国成为全球首个同时分配和拍卖中频段以及超高频段（3.5GHz 和 28GHz）的国家。

目前来看，韩国 5G 市场整体发展良好，市场活力得到激发。韩国 5G 用户规模的增长速度远高于 4G 初期，据韩国科学和信息通信技术部发布的数据，截至 2019 年 9 月 9 日，韩国 5G 用户数突破 300 万，预计 2020 年将突破 1 500 万，用户规模处于全球领先地位。对比 4G 普及初期用户数突破 100 万耗时 150 天，5G 用户数突破 100 万只用了 69 天。

那么，为什么韩国在 5G 用户推广方面如此之快呢？

原因之一就是韩国三大运营商纷纷推出极具诱惑力的 5G

资费套餐体系。数据显示，5G套餐整体资费略高于4G，但平均每GB资费则远远低于4G。资费套餐延续3G、4G时代的体系，整体分为四档，一方面通过降低门槛以培养用户大流量使用习惯，比如2019年7月，5G用户平均数据消费量达到24GB，是同期LTE用户月数据消费量的2.5倍；另一方面则通过丰富的差异化服务来吸引用户选择更高价格的套餐。此外，三大运营商还推出力度很大的终端补贴及销售回扣，降低用户入网成本。以LG V50 ThinQ 5G手机为例，韩国市场售价为120万韩元（约合人民币6 938元），运营商的部分门店会提供多达60万韩元（约合人民币3 469元）的折扣，并附赠流量及额外补贴，基本属于免费赠送给用户。LG U+第一年对VR业务免费及头盔免费试用，KT对Super VR及5G可穿戴360度相机降价促销。

原因之二是政府方面也出台各项政策以保障和促进5G的快速普及。2019年4月8日，韩国总统文在寅在韩国5G技术协调会上发布了韩国的5G战略，计划到2022年建立一个全国性5G网络。为此，韩国政府将向私营部门投资30万亿韩元（约合260亿美元），并希望该战略能够推动韩国成为全球5G领军国家乃至应用标杆。具体政策措施则包括：为5G网络投资提供2%～3%的税收抵免支持；制定一个10万亿韩元（约合88.4亿美元）的5G设施投资项目以及设立15万亿韩元的基金，以支持有前途的 5G 相关创业公司等。

2. 日本：将 5G 建设上升为国家战略

与中美韩看似激进的 5G 推进战略相比，日本的 5G 战略似乎有点不紧不慢。这主要是因为，日本是把以 5G 为基础的智能化手段视为解决国内一系列困扰社会经济发展难题的关键途径，试图抓住 5G 发展的机遇，建设一个超级智能化社会，激发社会活力，重塑国家创新力。不难看出，5G 只是日本宏大的超智能社会 5.0 战略的一个组成部分，因此日本并不急于争当 5G 商用第一国。

但这并不意味着日本政府对中韩两国 5G 商用的快速发展无动于衷。

日本超智能社会 5.0 战略认为，实现超智能社会需要将万事万物通过网络连接，对物联网、大数据、人工智能与机械自动化等技术进行跨领域整合，并扩展到所有产业与社会生活的应用层面，在高度系统化的同时，推进众多不同系统的联合协调。而 5G 将成为日本打造智能化社会极其重要的基础设施，为超级智能化社会的实现提供保障。

从以上描述来看，虽然日本超智能社会的提法与其他国家的 5G 战略有所不同，但从发展愿景来看，本质上并没有什么太大的区别。

2013 年 9 月，日本实施 2020 and Beyond Ad Hoc 项目，专

门支持5G技术的发展，积极推动日本5G研究和标准化。2014年初，日本最大的运营商NTT DoCoMo便与多家企业联合开展5G试验。同年9月，在日本产业界的推动下，5G移动推进论坛（5GMF）正式成立，以协调政府、学术界和产业界在研发领域的合作。同年12月，日本5G路线图正式发布，对2020年及以后实现5G的路径进行了规划，明确日本从2015年启动5G研发和推进，在2019年橄榄球世界杯期间实现5G试商用，在2020年7月东京奥运会前实现5G商用。

日本内政和通信部同样也将频率规划和分配视为促进5G发展的重要因素，并投入77.2亿日元制定了完善的频谱战略。面对在5G上被逐渐拉大的差距，日本政府自2019年起逐渐开始加大推进力度。2019年1月16日，日本总务省发布5G基站实施计划，并公布运营商5G频段申请考核标准。2019年1月24日到2月25日，日本总务省开始接受企业5G频段申请，4月10日，日本总务省公布5G频谱的分配结果。

出于降低运营商成本，加快5G网络部署进度的考虑，日本5G频谱的分配没有选用美国的拍卖方式，而是以申请—考核的方式进行。申请门槛包括5G部署范围、设备、财务等要求，其中最重要的两条为：（1）在获得频谱后的两年内，申请公司的5G主基站必须覆盖全日本47个都道府县，并提供5G通信服务；（2）2024年年底前，申请公司的5G基础覆盖率必须超过 50%。日本 5G 基础覆盖率以网格为单位进行计算，日本总务省将全日本划分为 4 464 个网格，每个网格面积约 10 平方公里，包括 5G 主基站和多个子基站。

最终的结果是，NTT DoCoMo、KDDI、软银和乐天分别获得了 28GHz 频段的 400MHz 频谱。另外，在 3.7GHz 和 4.5GHz 频段，NTT DoCoMo 和 KDDI 获得 200MHz，软银和乐天获得 100MHz 频谱。

日本政府准备在 2020 年通过进一步减税来加速 5G 建设。据共同社 2019 年 12 月 12 日消息，日本自民党、公明党正在探讨的 2020 年度税制修改大纲草案中，把 5G 定位为“构成经济社会与国民生活根基的信息通信基础设施”，并将作为国家战略推进。在这份新的税收草案中，对于移动运营商较原计划更早修建基站，将基于国家认证，从企业所得税等项目中扣除设备投资额的 15%。如若企业不愿意选择 15%的税收抵免方案，还可以选择 30%的红利折扣方案。

3. 欧盟：整体进度迟缓

早在 2012 年 9 月，在欧盟科研与开发计划第七框架计划下，欧盟就启动了“5G Now”的研究课题，由来自德国、法国、波兰和匈牙利的 6 家科研机构共同承担，主要面向 5G 物理层技术进行研究。同年 11 月，欧盟投资 2 700 万欧元正式启动 5G 研发项目“METIS”，由爱立信为首的 30 多个成员共同承担，欧盟也因此一举成为全球5G研发的先行者，该项目旨在通过构建5G基石应对2020年及未来所面临的移动网络社会挑战。2014年1月，欧盟出台“地平线2020”计划（Horizon 2020）代替原有的第八框架计划，并设立5G PPP（5G公共私营合作制）项目，计划在2020年开发5G，到2022年正式投入商用。该计划总预算14亿欧元，政府和私营企业各投资7亿欧元，计划成员则包括通信设备制造商、网络运营商和科研院所等。

2015年3月，5G PPP发布了欧盟《5G愿景》，力求确保欧洲在下一代移动技术全球标准中的话语权。2016年9月，欧盟委员会启动了“5G行动计划”，目标是到2020年在每个成员国的一个主要城市推广5G，到2025年覆盖主要城市地区和交通线路，并为欧盟5G基础设施的公共和私人投资制定了清晰的路线图。

在频谱方面，2016年11月10日，欧盟委员会无线频谱政策推进组（RSPG）发布欧洲5G频谱战略，明确提出3.6GHz频段将作为2020年前欧洲5G部署的主要频段，1GHz以下，特别是700MHz将用于5G广覆盖。2019年5月，欧盟委员会通过了一项协调无线网络使用26GHz频段的计划，这意味着欧盟范围内协调5G使用的三个先锋频段（700MHz、3.6GHz和26GHz）的工作正式完成。

2019年4月，瑞士电信成为首家开通5G服务的欧洲运营商，一个月后英国运营商也紧随其后开通了5G服务，沃达丰在英国、西班牙和意大利开通了5G服务。尽管看起来热闹，但欧洲在4G时代就存在的频谱资源匮乏、基站设备少、监管严格等问题，并没有因为进入5G时代而消失，反而在5G时代继续压制着各大运营商的投资动力，拖慢了它们在5G研究开发和商业化布局上的进度。比如，欧洲各国在频谱拍卖上就问题不断。

2019年，德国经过了整整497轮竞标才结束了5G频谱拍卖，总拍卖金额达到了65亿欧元，其中德国电信以最高的21.7亿欧元获得了13段频谱，但德国电信随后就公开抱怨称，以拍卖的方式分配频谱造成了频谱短缺，可能会推高成本，导致运营商缺乏资金建设下一代网络，而德国电信本可以用这笔钱去建设大约5万个移动基站。而捷克本计划于2019年下半年进行的频谱拍卖计划，却因为欧洲委员会反对西班牙电信与德国电信的地方部门达成网络共享协议而被迫推迟。早在2016年，欧盟就对02 CZ和T-mobile CZ之间的交易展开了调查，当年8月发布的初步裁决称，该协议限制竞争，违反欧盟反垄断规则。

4. 美国：后知后觉的超级大国

在5G相关技术的布局上，与中国、韩国、欧盟甚至日本相比，作为全球唯一超级大国的美国似乎有点后知后觉。直到这些国家纷纷制定和发展各自的 5G 战略，美国才缓过神来，美国政府也对 5G 显示出了不同寻常的重视，集中体现在美国对 5G 发展的观念的改变。

传统上，美国政府在科技发展方面信奉“市场的力量”，对国家规划和国家战略持怀疑态度。但随着美国意识到依靠传统的技术优势和硅谷的创新并不足以弥补美国在体制上的劣势，美国政府开始在 5G 领域实施追赶策略，动用各种力量，包括行政上、政治上甚至军事上的资源来帮助该产业快速发展。2019 年 4 月，在白宫举行完美国 5G 网络发展记者会后，美国总统特朗普再一次在推特上表示，“5G 竞赛是一场美国必须赢得的比赛，很多大公司已经参与其中，我们已经给了它们必要的激励，我们将会赢得这场竞赛”。在美国政府看来，5G 不仅仅是新一代移动通信技术，也是赢得国家利益和战略之争的关键。

2017 年 1 月，特朗普提名资深共和党人阿基特·帕伊出任美国联邦通信委员会（FCC）的新任主席。阿基特·帕伊上任后做的第一件事是终止了对 AT&T、Verizon、Comcast 等电信运营商的“违反网络中立”调查。2015 年通过的《网络中立法案》确保了互联网这个最具创新力的行业不会受到电信运营商、律师、会计和官僚等条条框框的限制，然而该法案在 2017 年底即被 FCC 投票废除，经此一役，特朗普政府将运营商统一到自身阵营，在此基础上，FCC 于 2018 年 9 月 28 日正式提出了“5G 快速计划”（5G FAST PLAN）。

阿基特·帕伊称，“5G 快速计划”是一个促进美国 5G 技术优势的综合战略。该计划包括三个关键解决方案：释放更多的频谱，促进无线基础设施建设，法规现代化。具体措施包括但不仅限于：简化基站建设审批流程，加速联邦和州/地方各级的 5G 小型蜂窝部署；鼓励私营部门投资建设 5G 网络；允许网络设施直接部署在公共设施干路上，以降低 5G 建网成本，提升建网效率；限制地方政府向运营商收取 5G 基础设施费用；鼓励运营商投资下一代网络和服务，而不是进行现网升级。

当前，美国政府有可能对企业提供更加优惠的政策和更稳定的政策预期，例如推动成立专门的投资基金，拉动产业界投资，压低长期利率，对美国企业的兼并重组持宽容态度等。2019 年 10 月 17 日，美国联邦通信委员会正式批准了美国两大运营商 T－Mobile 和 Sprint 的合并，称该交易将“促进竞争”，并加快 5G 网络的部署。其实早在 2014 年两家公司就尝试合并，但彼时合并计划并没有获得美国监管机构的批准，原因之一是认为存在垄断的可能性。

在 5G 技术标准制定过程中，一些实力强劲的非美国企业成功联合了其他国家的企业，在部分标准制定权上取得了突破，而美国认为这种趋势不符合其在 5G 领域的长远利益。于是，美国的外交部门深度介入到技术标准的全球博弈之中，劝说西方盟友与美国站在同一阵线，在 5G 技术标准上采取同一立场。这些政治性的介入措施可能会恶化国际社会在技术标准上的合作。

5G 时代更需要全球理性合作

如今，全球移动通信产业发展已经形成“你中有我、我中有你”的格局，各国企业通力合作、互利共赢。我们常说，在通信行业占据金字塔尖的不是设备制造能力，也不是商用能力，而是标准制定能力。而移动通信的代际升级正是以新一代的标准确立为标志，通信设备、器件和终端的生产制造都需要围绕新一代标准展开。然而，在过去的几十年从 1G 到 4G 的移动通信发展进程中，全球通信标准长期未实现统一，使得在通信产业发展过程之中遇到了很多问题，例如移动通信不能长途漫游等。而标准之所以不统一，主要原因就是各个国家的利益无法协调一致，每个国家都希望在标准制定上占据有利位置，拥有更多的话语权。因此，倘若自己的利益无法得到保证，甚至不惜自创一套标准体系。一个国家尤其是一个大国，很难容忍整整一代移动通信所有的关键技术专利都掌握在别国手里。

但移动通信技术的首要发展目标就是实现人与人、人与物乃至物与物之间更为广泛的连接，而地区之间通信技术标准如果不统一的话，实际上是对连接形成了某种意义上的人为阻隔。随着经济全球化的进程不断推进，各国各地区通过全球经济体系已经在彼此之间深度交融，于是就产生了连接的现实需要。因此，制定一个统一的标准成为全球主流企业的共同心声，这也是 3GPP 这样的国际组织存在的意义。

从通信标准的制定过程来看，3GPP 技术规范的制定分为早期研发、项目提案、可行性研究、技术规范和商用部署等五个环节。而这几个环节都需要 3GPP 成员的参与，前面提到，该组织的成员主要包括组织伙伴、市场代表伙伴和个体会员三类。第一类成员是组织伙伴，如欧洲的 ETSI（欧洲电信标准化委员会）等。第二类成员是市场代表伙伴，包括 3G Americas、Femto 论坛等 13 个成员。第三类成员是个体会员，包括中兴、华为等企业。从 3GPP 的成员构成不难看出，基本上移动通信行业所有重要的组织都在其中了。也就是说，最终标准的制定就取决于这些组织，在制定过程中必然存在很多的竞争，但若没有理性合作，一个全球统一的技术标准也是根本不可能诞生的。

以上是对 5G 技术标准产生过程的分析，其实从产业的角度来看，全球也已经是处于分工极其精细的状态。仅以生产一部苹果手机为例，其零部件来自全球超过 200 家供应商，这些供应商可能来自美国、中国、欧洲等国家或地区，而代工厂同样也遍布世界各地，在全球配置生产资源已经成为跨国公司的常规操作。全球经济早就进入了“合则多赢，分则俱损”的阶段，强行打压某一个国家的某一家公司或某一个行业，最终也会损害自己的利益。

从第一部分对各国在 5G 竞争中所采取的各种措施来看，大多数国家都是通过提高自身技术水平、加强通信基础设施建设以及促进产业化，来提升本国本地区的 5G 水平，这是正当的竞争。这种竞争不仅有利于提升自身的水平，而且对全行业的发展都是有利的，结果自然是皆大欢喜。但美国却是一个例外，在发现本国 5G 技术水平落后于竞争对手时，一方面动用各种资源支持本国 5G 产业的快速发展，但另一方面却采取政治打压的手段试图阻碍竞争对手的发展，比如美国政府 2019 年先后对中兴和华为等多家中国企业展开狙击，FCC 也在没有任何理由的情况下，否决了中国移动国际有限公司美国子公司的 214 牌照（即外资电信服务提供者在美国提供电信服务）申请。此外，特朗普政府还在世界范围内妄图联合其他国家抵制华为。这种种行径是对全球产业竞争规则的严重背离，不仅对 5G 产业造成了极为负面的影响，对全球经济秩序也是严重的伤害。

与此形成鲜明对比的则是中国。在 4G 时代，多家国外企业就已经参与中国移动通信市场，并与中国电信运营企业建立了良好的合作关系，是我国移动通信市场的重要组成部分，为我国移动通信产业发展做出了重要贡献。在 5G 时代，中国一如既往地欢迎国外企业积极参与中国 5G 网络建设和应用推广，继续深化合作，共谋 5G 发展和创新，共同分享 5G 发展成果。而国外很多厂商已经纷纷参与其中。其中，英特尔宣布和中国企业合作完成中国 5G 第三阶段试验互操作性研发测试；爱立信完成中国 5G 技术研发试验第三阶段的数字室分系统关键功能和性能指标验证；诺基亚贝尔完成中国 5G 技术研发试验第三阶段的数字化室内分布系统测试等等，不一而足。

传统产业链上的企业，优势在于构建核心竞争力，关键是对核心资源的占有和控制，但 5G 提供了 eMBB、mMTC、uRLLC 三大不同场景，随着产业融合、消费需求的升级，企业必须变得开放、灵活，建立起面向未来的生态优势，这场智能社会的升级革命已不可逆转。

面对新的技术革命，要以一种开放共赢的心态，以一种合作的心态来迎接它的到来。拥抱 5G 时代，需要广泛的国际合作。当前，世界上许多国家和地区处于 2G、3G、4G 多制式共存的状态，各国在升级 5G 或淘汰现有网络的过程中，会面临各种技术或成本难题。只有在全球范围内开展广泛合作，才能更有效地应对问题和挑战，真正让 5G 造福于民。目前，中兴、华为等中国企业都已开始积极开展与各国运营商的合作，并取得丰硕成果。

拥抱5G时代，还需要公平、公正、透明的秩序与环境，隔离与筑墙只会影响全球民众的共同福祉。从市场中排除一个网络设备供应商可能会减少竞争，并影响设备和服务的价格，而这种影响最终可能会转嫁给客户。全球移动通信系统协会认为，禁止华为公司设备进入欧洲将扰乱整个市场，还将增加消费者的成本。《日本经济新闻》认为，5G可能成为影响各国竞争力的产业基础，美国从安全保障观点出发，呼吁排除中国企业，欧洲的通信企业不得不在基础设施建设成本等经济合理性和“政治判断”之间摇摆。

2019年2月26日，在巴塞罗那举行的世界移动通信大会上，中国工业和信息化部总工程师张峰呼吁，在经济全球化的时代，5G产业是一个紧密相连的产业生态系统，各国通信产业界应共同努力，维护公平、公正、透明的发展环境，按照市场原则和国际规则，促进产业良性竞争。5G等新技术革命终将使世界更加联通、民心更加相通，其发展呼唤各国携手合作打破障碍、去除梗阻，变天堑为通途。

中国在5G竞争中得到什么

5G进入商用阶段以后，将从投资、消费、出口等方面对我国经济产生推动作用，促进国民经济持续平稳发展。

经济高质量发展的新引擎

1. 从投资来看，5G 网络建设总体投资将超过 4G

据工信部的数据，截至 2019 年 9 月，全国共有移动通信基站 808 万个，其中 4G 基站总数为 519 万个，占比 64.2%。中国移动全国 4G 基站 187 万个，覆盖全国 99%的人口；中国联通、中国电信 4G 基站总数分别为 85 万个、117 万个，加上其他配套设施费用，三大运营商在 4G 网络建设上的投资至少在 8 000亿元规模。由于 5G 的基站覆盖面积要小于 4G 基站，预计 5G 基站的建设数量将不少于 4G 基站数，保守估计 5G 未来的网络建设投资规模将不低于 8 000 亿元人民币。

5G 牌照发放势必促进运营商加大 5G 网络基础设施投资进度。从 2019 年的计划来看，中国移动基站建设数量为 5 万个以上，5G 投资预算为 250 亿元；中国电信和中国联通基站建设数量均为 4 万个，5G 投资预算分别为 90 亿元和 80 亿元，总计达 420 亿元，这还仅仅是 2019 年一年的投资预算。

2. 从出口来看，5G 将推动通信设备出口增加

虽然遭遇美国打压，但华为公司的 5G 订单并未受到太大影响。据华为 5G 产品线副总裁甘斌 2019 年 7 月介绍，华为已经获得了全球 50 个以上 5G 商用合同，全球发货超过了 15 万个基站。甘斌预计，未来三年内，全球 5G 用户将达到 5 亿户。而中兴通讯也具备了完整的 5G 端到端解决方案的能力，不仅积极参与到中国 5G 网络的商用部署和建设中，而且全球已有 40 多家运营商选择与中兴通讯展开 5G 合作，截至 2019 年 9 月底，其全球订单数也达到 35 个。

3. 从消费来看，5G 将刺激终端消费市场回升

随着 4G 手机终端市场逐渐成熟，国内手机消费市场出现下滑趋势。公开数据显示，2019 年第一季度，中国国内 4G 手机出货量 7 331.7 万部，同比下降 10.5%，已经连续 5 个月单月增速出现下滑。随着 5G 商用牌照的发放，国内手机厂商量产的 5G 手机将密集上市，但由于成本较高，5 000 元左右的售价或对市场销售产生一定制约，不过，随着供应链产能提升，2020 年下半年 5G 手机价格可能降至 2 500 元左右，届时国内将迎来 5G 手机换机潮。此外，据中国信息通信研究院预计，2020 年至 2025 年间，5G 商用将直接带动信息消费 8.2 万亿元。

促进经济数字化转型

数字化转型已经成为主要经济体的共同战略选择。当前，信息通信技术向各行业融合渗透，经济社会各领域向数字化转型升级的趋势越发明显。数字经济以数字化的知识和信息为关键生产要素，以数字技术创新为核心驱动力，以现代信息网络为重要载体，通过数字技术与实体经济深度融合，不断提高传统产业数字化、智能化水平，加速重构经济发展与政府治理模式。

2018 年，我国数字经济达到 31.3 万亿元，占 GDP 的比重达到 34.8%。按可比口径，2018 年我国数字经济名义增长 20.9%，高于同期 GDP 名义增速约 11.2 个百分比。根据中国信息通信研究院的测算，预计 5G 在 2020—2025 年，将拉动中国数字经济增长 15.2 万亿元。数字产业化主要是 5G 网络建设，包括终端的新兴产业形成，以及整个新兴服务的带动，预计可以推动产业的增加值达到 3.3 万亿元。与此相关的是与各行各业的结合，可以带动产业数字化，产业的增加值达到 11.9 万亿元。所以，总体可以达到 15.2 万亿元。

5G 将为数字经济提供全新的关键基础设施。以 5G 网络为核心的新一代信息通信网络基础设施，以及生产基础设施、社会基础设施等的数字化改造，共同构成了数字世界的关键基础设施。这其中包括了电网、交通、工业和很多智慧城市的基础网络设施，基础设施的数字化改造将进一步推动我国数字经济的发展。

5G 将进一步拓展数字经济新领域、新空间。5G 将成为推动各类产业发展的加速引擎，催生更多新兴需求和服务。我们提出了 5G+，5G 在其中发挥作用，并不仅仅是这个技术，还会和 ICT 新技术一起，包括云计算、大数据、人工智能、区块链等一系列的经济技术，构成 5G 综合的信息解决方案，来赋能各行各业的发展。

在全球产业链重构中抢占先机

5G 技术将推动全球产业链变革，为我国占据主动提供条件。当下，制造业正迎来全球大洗牌，发展中国家争夺中低端的制造业，发达国家引导高端制造业回流，中国制造业正面临双向挤压，只有拥有核心技术标准，才能在全球产业链中拥有一定的主导权，维持世界工厂的地位。

随着 5G 技术的到来，未来人工智能、3D 打印、区块链等相关领域技术有了落地整合的条件，生产制造将更加灵活，供应链将进一步缩短，生产环节将更加软性化和个性化，为全球产业链带来革命性影响。5G 技术为真正的智能制造提供了可能，生产设备可直接听命于云端，智能生产机器能够随时调整生产模式和所用原材料，实现人机协同、柔性生产、自组织生产、自学习生产和自我维护，并能真正满足个性化、定制化的消费趋势。这些都将打破目前世界工厂化的全球产业链模式，人力和资源的低成本优势将会被削弱，后发国家将越来越难突破到全球产业链的高端环节。只有率先掌握了智能化生产以及核心技术标准的国家，才能在未来的全球产业链重构中占据主动，才更有可能占据全球产业链的高端环节。

推动现代社会治理更加智能化

现代社会治理从根本上讲是要通过利用各种现代化的资源，提高治理社会的效率。而 5G 的全方位开启，将会在现代社会治理中扮演重要角色。

21 世纪伊始，党的十六届六中全会明确提出“建设服务型政府，强化社会管理和公共服务职能”的要求。党的十九大报告强调了“建设人民满意的服务型政府”的改革目标，并特别指出“提高社会治理社会化、法治化、智能化、专业化水平”，构建“共建共治共享”的“三共、四化”社会治理新模式。尤其是社会治理的“智能化”，强调“运用移动互联网、人工智能和大数据等新技术，结合互联网等新思维方式，提升社会治理信息化和智能化水平”，更是顺应了当今时代科学技术蓬勃发展的趋势，充分体现了中国政府以民为本、与时俱进的社会治理理念。

智能化的基础是连接和数据。“5G+”时代，以信息技术为代表的各种高新技术迅猛发展、交织并进，与经济和社会的发展深度融合，将进一步丰富人、物、环境和事件等社会治理对象，并促进社会治理模式由“机械、单一”向“智能、协同”加速转变。

6G 离我们还有多远

自 1982 年诞生第一代（1G）移动通信系统以来，大约每十年更新一代无线移动通信系统，而且任何一代从开始概念研究到商业应用都需要十年左右的时间，即当上一代进入商用期，下一代就开始概念和技术研究。业内将这样的发展节奏归纳为“预研一代、建设一代、使用一代”，按照这个节奏，业界预期 2030 年左右 6G 会正式进入商用。5G 研究始于十年前，现在启动 6G 研究也完全符合移动通信系统发展规律。芬兰在世界范围内率先启动 6G 大型研究计划，美国 FCC（美国联邦通信委员会）也已经为 6G 研究开放了太赫兹频谱，我国也于 2018 年开始着手研究 6G。

研究新一代移动通信系统，总是从愿景开始的。5G 启动初期，确立的愿景为“信息随心至，万物触手及”。5G 技术指标需求都是围绕这个愿景来确定的，确定指标后，再进一步提出候选关键技术。5G 投入商用之前也经历了概念确定、技术研究、标准化和产品开发过程，5G 愿景就是随着标准的完善及产业的成熟而逐步实现的。现在要开启 6G 前瞻性研究，自然也是从确立 6G 愿景及相应的技术需求与挑战开始，这样才能对后续 6G 相关研究进行牵引。[①]

从本质上来说，5G 之后的 6G 是 5G 技术的完善、强化以及进一步优化和提升，就像 3G 演进到 4G 一样，4G 相对 3G 来说，最主要的变化就是网速提升了，基础架构和基本能力与 3G 相比没有什么革命性的变化。包括很多 4G 业务，其实也是在 3G 的基础上渐渐发展起来的，而 4G 的到来则大大提高了这些业务的效率，从而迎来了爆发期。

6G 既然是对 5G 的强化，那么自然是要解决 5G 所存在的问题。当前 5G 的目标是渗透到社会的各个领域，以用户为中心构建全方位的信息生态系统。但受限于标准化时间及相关技术发展的成熟度，在信息交互的空间深度和广度上还有很多不足：当前通信对象仅集中在陆地地表数千米高度的有限空间范围内；虽然考虑了物联需求，但距离真正无所不在的万物互联还有距离。尤其是随着人类活动范围的快速扩张，众多技术领域的快速进步，对更加广泛多样的信息交互也提出了更高的需求。

因此，有一种说法是把 6G 愿景概括为四个关键词："智慧连接"、"深度连接"、"全息连接"和"泛在连接"，而这四个关

---

① 赵亚军，郁光辉，徐汉青，等 . 6G 移动通信网络：愿景、挑战与关键技术[J]. 中国科学：信息科学，2019，49（8）：963－987.

键词共同构成“一念天地，万物随心”的6G总体愿景。概括来说，6G总体愿景是基于5G愿景进一步扩展的：“一念天地”中的“一念”一词强调实时性，指无处不在的低时延、大带宽的连接，“念”还体现了思维与思维通信的“深度连接”，“天地”对应空天地海无处不在的“泛在连接”；“万物随心”所指的万物为智能对象，能够“随心”所想而智能响应，即“智慧连接”，呈现方式也将支持“随心”无处不在的沉浸式全息交互体验，即“全息连接”。

不过，愿景终究还只是愿景。2019年11月，中国科技部会同发改委、教育部、工业和信息化部、中科院、自然科学基金委召开6G技术研发工作启动会，并宣布成立国家6G技术研发推进工作组和总体专家组。在总结会议讲话中，科技部副部长王曦说：“目前，全球6G技术研究仍处于探索起步阶段，技术路线尚不明确，关键指标和应用场景还未有统一的定义。”

按照芬兰奥卢大学发布的全球首个6G白皮书（KEY DRIVERS AND RESEARCH CHALLENGES FOR 6G UBIQ-UITOUS WIRELESS INTELLIGENCE）所描述的，除了传输能力显著提升，无线网络将不再囿于地面，而将实现地面、卫星和机载网络的无缝连接。6G将几乎没有“盲点”。天津大学计算机科学与技术学院教授王晓飞也认为，6G除非在如太赫兹、空天地、水下、物理层、基础材料等特别核心的领域产生积极作用，否则仅实现速度的提升没有意义。正如 5G 相对于 4G 而言，最重要的进步在于万物互联，而不仅仅是网络速率的提升，6G 相对于 5G 最重要的进步，则是进一步提升了连接的能力。

6G 网络将致力于打造一个集地面通信、卫星通信、海洋通信于一体的全连接通信世界。目前，移动通信网络和卫星网络是两个独立的网络，各自运营，不能起到相互融合补充的作用。6G 有可能出现天地一体化的趋势，一个网络不仅可以通过地面基站进行陆地覆盖，还能通过低轨道卫星和高轨道卫星进行共同组网，在地面上则通过众多的直放站、小基站进行深度覆盖。

而网络的融合，可以兼顾面与点，通过高轨道卫星和低轨道卫星，保证在地球的任意一个角落，都可能有网络存在；同时，在人口密集地区或当前网络不够密集的地区进行深度覆盖，并且可以深入到地下，比如地铁、隧道、停车场、矿山等信号较差的特殊场所。

除了地表之下一定的深度能够被覆盖之外，水下通信在 6G 时代也应该能实现，并成为整个网络覆盖体系的一部分。比如，在近海、江河、湖泊中，水体品质、水下植物、水下生物、水下养殖产品、水体温度变化、水中营养物含量、污染物含量、水下堤坝位移度等诸多领域，都需要监测，而水下监测如果有网络覆盖，将在很大程度上提升监控和管理能力。

2018 年 12 月，我国三大电信运营商、中国信息通信研究院、华为、中兴等9家企业或机构已联手启动了“后5G系统愿景与需求”项目。按照目前的规划，下一步科技部将会同有关部门，组织总体专家组系统开展6G技术研发方案的制订工作，开展6G技术预研，探索可能的技术方向。通过6G技术研发的系统布局，凝练和解决移动通信与信息安全领域面临的一系列基础理论、设计方法和核心技术问题，力争在基础研究、核心关键技术攻关、标准规范等诸多方面获得突破。

而参与6G技术研发推进工作组技术子组具体研究工作的紫光展锐已率先宣布，启动6G相关技术的预研和储备，对太赫兹通信、轨道角动量、甚大规模天线系统、甚高通量编解码、天地一体通信网等潜在6G关键技术进行探索，并制定了6G技术原型研发推进规划。华为的起步则更早，10年前就已投入6亿美元启动5G技术和标准的后续研究。任正非此前接受采访时表示，华为位于渥太华的6G研发实验室，将在未来帮助华为引领全球，实现6G全球首发。

总的来说，目前全球6G技术研究仍处于探索起步阶段，技术路线尚不明确，关键指标和应用场景还未有统一的定义。但预研仍然是有必要的，不然等到下一代标准出来了，而我们相应的产品还没做出来，这种落后是无法接受的。可以预见，在5G时代已经占据一定优势的中国，在6G的研发上，有可能引领全球发展方向。

参考文献

［1］习近平：确保人工智能关键核心技术牢牢掌握在自己手里．保密工作，2018（11）．

［2］习近平：推动我国新一代人工智能健康发展．中国信息安全，2018（12）．

［3］国内外智能网联汽车产业发展概况．科技中国，2019（2）．

［4］卢旭．国家和广东省对人工智能发展的布局分析．广东经济，2019（1）．

［5］夏进．全球主要经济体人工智能发展战略观察．大数据时代，2019（9）．

［6］朱寿斌，周仁华．馈线自动化技术及其应用．电力自动化设备，1999（2）．

［7］丹尼尔·德雷舍．区块链基础知识25讲．北京：人民邮电出版社，2018．

［8］杰里米·里夫金．第三次工业革命．北京：中信出版社，2012．

［9］李正茂，王晓云，张同须，等．5G+：5G如何改变社

会．北京：中信出版社，2019.

[10] 刘光毅．5G 移动通信系统：从演进到革命．北京：人民邮电出版社，2016.

[11] 腾讯研究院，中国信通院互联网法律研究中心，腾讯 AI Lab，腾讯开放平台．人工智能：国家人工智能战略行动抓手．北京：中国人民大学出版社，2017.

[12] 维克托·迈尔·舍恩伯格．大数据时代：生活、工作与思维的大变革．杭州：浙江人民出版社，2012.

[13] 吴军．浪潮之巅．北京：人民邮电出版社，2019.

[14] 吴军．智能时代：大数据与智能革命重新定义未来．北京：中信出版社，2016.

[15] 项立刚．5G 时代：什么是 5G，它将如何改变世界．北京：中国人民大学出版社，2019.

[16] 翟尤．5G 社会：从“见字如面”到“万物互联”．北京：电子工业出版社，2019.

[17] 喻子容．智能服务机器人的社会应用与规制．北京：北京交通大学硕士学位论文，2019.

人工智能

国家人工智能战略行动抓手

腾讯研究院　中国信息通信研究院互联网法律研究中心
腾讯 AI Lab　腾讯开放平台　著

政府与企业人工智能推荐读本。

人工智能入门，这一本就够。

2017 年中国出版协会“精品阅读年度好书”，中国社会科学网 2017 年度好书，江苏省全民阅读领导小组 2018 年推荐好书。

5G 时代

什么是 5G，它将如何改变世界

项立刚　著

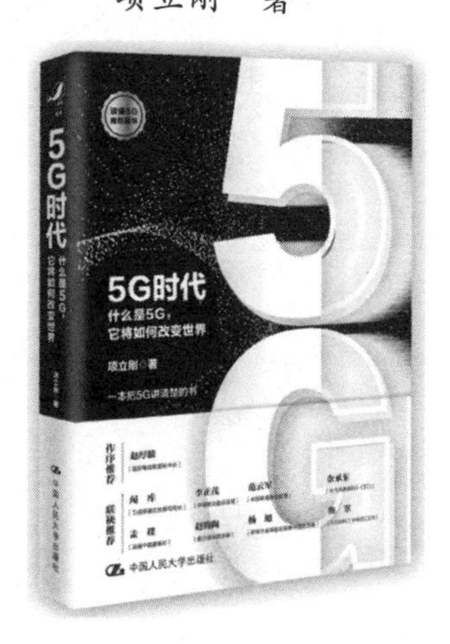

一本把 5G 讲清楚的书。

看懂科技新趋势，发现未来新机遇。

国际电信联盟秘书长赵厚麟作序推荐，工信部、中国移动、中国联通、华为、高通中国、爱立信、英特尔、GSMA 等机构的领导专家联袂推荐。